我的森林笔记

春夏秋冬，天天与大自然亲近的文字，
致敬经典《森林报》

暗 访
"夜 精 灵"

刘保法/著

山东教育出版社

图书在版编目（CIP）数据

暗访"夜精灵"/ 刘保法著. —济南 ：山东教育
出版社，2017（2020.11 重印）
（我的森林笔记）
ISBN 978-7-5328-9776-6

Ⅰ.①暗… Ⅱ.①刘… Ⅲ.①森林—普及读物
Ⅳ.①S7-49

中国版本图书馆CIP数据核字（2017）第120781号

暗访"夜精灵"

著　　者	刘保法
总 策 划	上海采芹人文化
选题统筹	王慧敏　魏舒婷
责任编辑	王　慧
特约编辑	魏舒婷　顾秋香
摄　　影	刘保法
绘　　画	夏树
装帧设计	采芹人 插画·装帧　王　佳　李　旖 http://blog.sina.com.cn/cqr-2666
主　　管	山东出版传媒股份有限公司
出版发行	山东教育出版社
	（山东省济南市纬一路 321 号　邮编 250001）
电　　话	（0531）82092664
传　　真	（0531）82092625
网　　址	sjs.com.cn
印　　刷	保定市铭泰达印刷有限公司
版　　次	2017 年 7 月第 1 版　2020 年 11 月第 2 次印刷
规　　格	710 mm×1000 mm　16 开本
印　　张	8.5
印　　数	15 001 - 30 000
字　　数	100 千字
书　　号	ISBN 978-7-5328-9776-6
定　　价	20.00 元

（如印装质量有问题，请与印刷厂联系调换，电话：0312-3224433）

买了一个森林（代前言）

　　朋友问我，你现在住哪儿？我说住在一个森林里。朋友说，别开玩笑，市中心哪来的森林？我说我确实拥有一个森林，房子不算大，也不算豪华，但所处的森林却很大。

　　许多人都知道，我买房最看重的就是绿化。寻寻觅觅好几年没有如愿，都是因为绿化不行，抑或路途太远……最后终于在闹中取静的市中心，看中了这套居所。说来还真有点儿自豪，这套居所正好面对一片景观森林。鬼使神差，后来这片景观森林前面的两幢计划中的高楼，突然停建，又改建成了一片景观森林。于是我福运高照，拥有了两片景观森林合并一处的莽莽绿地。住在这套居所里，推窗便见绿，视野开阔；出门走进森林，一路郁郁葱葱，是不是等于住在一片森林里呢？

　　一个挥之不去的森林情结，就这么引导我下决心买下这套房。我买这套房，看中的就是这片森林。与其说买了一套房子，不如说买了一片森林。

　　我的森林情结，源于童年的秘密花园——一片独享的小树林。

　　关于那个秘密花园，我已经写过许多文章。在那里，我种桃树，种李树，种葡萄，和大自然分享成长的秘密；我捉鱼虾，逮鸟儿，挖城堡，给我的贫穷童年带来了精神上的富足；我在我的"树上阅览室"读书，我钻进草丛倾听昆虫唱歌……它是我的童年乐园、幻想之地，它使我的心灵生活充满乐趣和梦幻，即使在黑夜里也能闪现温馨的亮光。

一个人如果在童年拥有一片"自己的森林"，那么这片森林一定会枝繁叶茂地活在他的记忆里，净化灵魂，丰富情致，使他变得优雅，变得有情、有趣、有爱心。

记得进城没多久，我就为母亲在老家的老屋门前开辟了一个花园。我到处寻觅树苗，在花园里种上了樟树、棕榈树、葡萄、冬青和月季花、蔷薇花等。每次带着女儿回老家，跟母亲坐在花园里聊天，那是我最幸福的时光。

我每搬一次家，都要跟旧楼院子里的树木，举行告别仪式；而在新居的院子里，我会重新寻找一个适合种树的地方。记得有次我从广州带回来一些鸡蛋果，吃了鸡蛋果后，把果核种在楼下院子里，第二年还真长出了幼苗。可是物业工人不识鸡蛋果，把它们当作杂草锄掉，让我可惜了好一阵。而我跟女儿共同栽种的

那棵枇杷树，倒是顺利长大，粗壮茂盛。女儿还将一只死去的大山龟埋葬在树下。过了几年，枇杷树竟然结满了黄澄澄的果实。物业工人喜出望外，马上挂出牌子：不许采摘，违者罚款。女儿抱怨，我们种的枇杷树，怎么变成他们的了？我说，又不是私家花园，怎么说得清？不过看着有人喜欢，你心里肯定也很开心，对吧？这就够了，这就是枇杷树给你的回报！女儿不再抱怨，每次进进出出从树旁走过，跟人们共享着黄澄澄的枇杷果带来的快乐！

几十年来，我养成了一个习惯：每到一个地方，总要想方设法寻找那里的古树。我相信，有古树的地方必定有故事。我把它们拍摄下来，收藏在相册里，不知不觉已经累积了厚厚一大本。我取名《我的树兄树弟》，还写下了对它们的深情赞美……

一个对大自然、对森林充满敬畏、充满爱的人，上帝总会赐予他一些什么。于是，在我即将退休的时刻，幸运地买到了这片森林。有些事情真的很难说清，童年拥有一片小树林，退休后又拥有一片森林，好像冥冥之中注定了似的，让我找回我的秘密花园，回到童年，再次享受童年的乐趣。每每想到这些，我就会流泪。我不能不珍惜这种赐予。我几乎每天都要去森林，看望我的树兄树弟，除了出差在外（而出差回来的第一件事，便是去森林看看）。有时我几乎一天要去几次。我跟它们亲切交谈，询问它们生活得怎样，有没有困难。我拍拍它们的肩，摸摸它们的脸，倾听它们唱歌、呻吟和叹息。我经常写《森林笔记》，观察它们的生长情况，把每一个细小变化、每一个有趣故事都记录下来。我已经完全融入了森林，感觉自己也已经成为其中一棵树……我知道哪几棵树有枝叶枯萎了，哪几棵树被风吹倒了；我知道哪根枝条适合哪种姿势，哪棵树需要修剪……我即使闭上眼睛，也能说出树兄树弟们的模样和所在的位置，我对我这片森林的家底，真可以说是了如指掌：

桂花树一百棵、松柏树两百棵、樟树七十棵、银杏七十棵、榉树二十四棵、含笑五十棵、白玉兰十五棵、广玉兰十五棵、红叶李二十棵、月桂三十棵、樱花十棵、茶花八十棵、垂丝海棠十五棵、紫薇八棵、红枫十棵、青枫五棵、铁树六棵、结香五棵、紫荆六棵、柳树两棵、合欢两棵、杨梅十棵、梅树五棵、梨树两棵、橘子树两棵、鹅掌楸五棵、雪松三棵……还有竹林七片、大草坪一片，还有自然生长的桑树、枇杷、女贞……还有杜鹃、天竺、迎春、茶梅、海桐、龙柏、石楠、黄馨、栀子花、金叶女贞、红花金毛、八角金盘、瓜子黄杨、阔叶十大功劳、洒金东瀛珊瑚、冬青等灌木花丛，不计其数。还有草本花卉、野花野草，数不胜数……

我想大家应该理解我的心意，我之所以不厌其烦地写出它们的名字，就是想让它们知道，无论何时，我都没有忘记它们！

我一直认为，树木是有灵魂的。法国历史学家米什莱在《大自然的诗》里说：树木呻吟、叹息、哭泣，宛如人声……树木，即使完好无损，也会呻吟和悲叹。大家以为是风声，其实往往也是植物灵魂的梦幻……澳洲土著告诉我们，树木花草喜欢唱歌，它们日夜唱歌供养我们，可惜（高傲的）人类有耳不闻……贾平凹在《祭父》一文中写道：院子里有棵父亲栽的梨树，年年果实累累，唯独父亲去世那年，竟独独一个梨子在树顶……这就对了，树木的喜怒哀乐，树木的仁心爱心，跟人是一样的。所以说，人追求诗意居住的最高境界，不仅是美化环境，更应是自己的灵魂与森林的相互融合。达到了这个境界，人在森林里便是超然的。人无法成为永恒，但人的灵魂却因为森林而能成为永恒。这时，哪怕只是一棵树，在你的眼里，也是一片森林。人有了这样的森林，心灵就不会荒芜！

目录

七 月

八 月

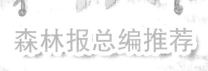
夏天在长高

大树开花

大树开花了，说明夏天来了。

夏天来临，也是春天最后的狂欢。各种各样的花朵轮番登场，各自表演了三个多月。在春天的最后时刻，牡丹花、蔷薇花作为压轴演员，也华丽出场了：红的、粉红的、紫的、黄的、白的、甚至还有绿色和黑色花朵……牡丹和蔷薇的最后表演是精彩的，但是多少有点让我沮丧。我知道，春已尽，春天的一切特征即将消失，同样的春天再也不会返回了。

于是我找到了新的希望：大树开花。

如果说春天的花朵是千姿百态、漫山遍野的话，那么大树开花给人的感觉就是：遮天蔽日，气势磅礴……

最初是夹竹桃开花。花匠往往在竹篱前种上长长一排夹竹桃，一棵开红花，一棵开白花，间隔排列。于是，夹竹桃开花的时候，竹篱就被红白相间的繁花遮掩。花朵鲜艳夺目，竹篱隐隐约约。那是夏日里一道绚丽的风景，远远看去，花瓣不时被风吹落，树上一团红一团白，树下也是一团红一团白。

过了几天，从楼上往森林看，忽然看到一只只白鹭停落在树的最高处。下楼走入森林，这才确定那不是白鹭，而是广玉兰开花了：一朵朵花就像一只只白鹭，洁白无瑕，雍容华贵。

紧接着，无患子和女贞树也开花了：女贞是满树的雪白，无患子是一串串的淡黄。最有趣的是，女贞和无患子的花都像一粒粒小米——无患子是黄小米，女贞是白小米。它们在树上开得轰轰烈烈，满树黄，满树白；落到了地上也是轰轰烈烈，满地黄，满地白……这个时候，如果在树下待一会儿，即刻就会有"小米"落到头顶或钻进衣领，给你带来"丰收"的喜悦。

当合欢树露出笑脸、红花盛开的时候；当荆树开花，吹起红喇叭的时候；当一串串杜英花在头顶摇晃的时候；当槐树开花，雪白"银元宝"挂满枝头的时候……夏天真的已经来了。

很多植物年年开花，有的植物一年到头开花，也有的植物一生只开一次花，但是不管怎样，它们的孕育时间都是漫长的。"台上十分钟，台下十年功"，这句话用在开花这件事上，再合适不过了。

开花对于植物来说，就是一场生命的表演。

五棵梅树

森林里，那些居高临下、树冠见光的大树往往长得特别好。尤其是那些长在森林边缘的树，它们的枝丫永远都沐浴在阳光里，所以长势格外旺盛。

因为，阳光是树的生命。

我的森林里有五棵梅树，每年红梅怒放的季节，它们就成为了森林里最引人注目的宠儿。

一棵梅树种在中间的大花坛里，大花坛里还种了一些低矮的杜鹃花，作为陪衬。这棵梅树独居一处，可以尽情地向四周舒展，活得衣食无忧、有滋有味，更没有任何大树来跟它争抢地盘、分享阳光。对于它，我没有任何担忧。

南面小径边的那棵梅树，好像也不需要担忧，因为陪衬它的也是一些低矮的杜鹃花和瓜子黄杨。唯一有点不放心的是，它离竹林太近。前几年，竹笋大逃亡，先是逃到八角金盘和瓜子黄杨丛中，接着又逃到杜鹃花丛里安家，今年竟然又有五颗竹笋，长途跋涉，堂而皇之地逃到了这棵梅树下！看着这些突然闯入的"侵略者"，我犹豫半天，拔掉吧，那么粗壮的竹笋，实在可惜；保留吧，这棵梅树肯定会遭殃！我考虑再三，终于狠了狠心，消灭了这些"侵略者"，确保这棵梅树暂时平安。

最让我担心的就是北面土坡上的三棵梅树。它们的背面和左右两边都种着浓密的桂花树，甚至还有高大的银杏树和松树压顶，唯有南面是空地。对于娇弱的梅树来说，是无力跟长势旺盛的桂花树们抗争的。左边那棵梅树挡不住桂花树的步步紧逼，第二年就枯死了。右边那棵梅树也于去年枯死，现在只剩下中间那棵梅树了。我发现它总是在退让，对于桂花树的步步紧逼，它不断地向南面那块空地倾斜。它把位置让给了桂花树却让自己向别处生长，从别处寻求阳光。虽然它倾斜得越来越厉害，变成了一棵歪脖子树，但它终于活了下来。就跟人一样，无意争斗的人，总会让出自己的位置，在别处活得更好。

我敬佩这棵梅树的智慧，很想给它一些帮助。于是我多次央求花匠，对这棵梅树周围的桂花树进行修剪。可花匠毫不在意，一直无动于衷。心急如焚的我，只得借来锯子，自作主张，锯掉了那些肆意蔓延的桂花树枝枫……

五棵梅树，现在只剩下了三棵。它们是我的重点保护对象。每当我看着它们越长越枝繁叶茂，越长越生气勃勃，我的心就跟它们融合在了一起。

树与树的交谈

一个夏日的夜晚，我独自站在森林里。白天的时候，我也站在这个地方。我看到新竹碧绿，冬青肥壮，栀子花和杜鹃花越长越茂盛，紫荆的叶片把长长的枝条压弯。天竺、广玉兰在长高，桂花树、杨梅树在长高，大樟树和榉树的枝叶已经连成浓荫一片，连青草地也已经高出了脚踝……在这雨水充沛的夏日，自然界所有的植物都在发疯似的长高！

此刻，我站在同一个地方，真想看看这些发疯的家伙，在夜里又是一副什么模样。

我静静地站着，听得见月光落地的声响。奇怪，周遭的一切竟然一改白天的疯狂，所有的植物都变成了黑黝黝的轮廓，同我一样静静地站着。渐渐地，我仿佛进入了一个神秘的世界，有一股好闻的清香在飘荡；我仿佛听到树与树在交谈——

一棵广玉兰跟另一棵广玉兰，远远地打招呼；我头顶的大樟树和榉树，用它们浓密的枝叶勾肩搭背，开着玩笑；八角金盘朝合欢树仰起脸庞，说要讲一个故事给它听，合欢树却懒懒地闭上眼睛说要睡觉；桂花树跟邻近的杨梅树交头接耳说悄悄话，茶花树羡慕地说，它也想参加；一棵红叶李，像一朵花开在青草地上，正在寻找另一棵红叶李；一朵栀子花张开花蕊，散发着清香，想问问谁爱它……

在这雨水充沛的夏日，自然界所有的植物都在发疯似的长高！

我们人类彼此交流是用声音，而植物们彼此交流用的却是香味。

在这个静静的夏夜，它们散发着各自的香味，跟同伴倾诉心声，其中倾诉最多的便是：

彼此如何相爱？明天如何生长？

栀 子 花

在这个静静的夏夜，最爱发表意见、最爱表现自己的，恐怕要算香味最浓的栀子花了。

栀子花树是一种常绿的灌木，一到夏天就开花：一朵接一朵，一

栀子花就像一个长得很漂亮的白嫩女孩，
不需要打扮就楚楚动人。

簇接一簇，一茬接一茬，你拥我挤，竞相开放，连续不断地开，足足可以开一个多月。

栀子花是白色的，那是一种清澈、自然、纯洁的白，就像一个长得很漂亮的白嫩女孩，不需要打扮就楚楚动人，迷倒一大片倾慕者。

栀子花很香，那是一种很好闻的香味，浓郁甜蜜，不温不火，悠悠飘来，沁人心脾。

我站在森林里，倾听着树与树的谈话，栀子花这小家伙却总是不时地散发出一阵阵香味，打扰我，吸引我注意她。

一般来说，漂亮女孩总是希望别人注意她，夸她。看来，栀子花就是这样一个爱漂亮的女孩呀，我甚至从她散发的香味里听到："我多美呀，我多香呀，快来摘我呀……"

很少有人不喜欢漂亮女孩，很少有人不喜欢洁白无瑕、清香诱人的栀子花。

所以有些人走过森林的时候，忍不住会摘一枝栀子花带回家，养在花瓶里……

蝴蝶

一

蝴蝶，从月季花上飞走，
月季花开始发愁——
还能不能等到，
蝴蝶有一天会回头？

二

刮风了，下雨了，
蝴蝶还在飞行，
它放心不下，
那朵雨中的月季花。

蝴蝶与花儿恋恋不舍。

蚯蚓的"城堡"

雨过天晴。我走过一片林子，突然脚被什么东西绊了一下，低头一看，是一个凸起的小土堆。一会儿，我的脚又被一个小土堆绊了一下。我这才蹲下身子，仔细察看。哈，一个个小土堆就像一座座"城堡"，巍然屹立。放眼看去，密密麻麻，数也数不清，非常壮观！

我知道，这肯定是蚯蚓建造的"城堡"，但我不知道蚯蚓们为什么要建造这么多"城堡"。难道它们要用这些"城堡"来打仗？

"蚯蚓才不会攻击别人呢！这些'城堡'是蚯蚓用来保护自己的。"园艺师小张笑着告诉我，"蚯蚓虽然喜欢潮湿阴暗的生活环境，但是一旦水太多的话，会妨碍蚯蚓呼吸，以致窒息死亡。前几天下了那么多雨，蚯蚓们肯定受不了了，所以就建造了这些'城堡'，用来通风排水，登高躲避水淹。"

我恍然大悟，顿时对这些蚯蚓的"城堡"肃然起敬。蚯蚓是弱小的，但也是伟大的。蚯蚓栖息在土壤中，到处打洞，疏松土壤，是大自然的"挖掘机"。蚯蚓的排泄物又是很好的植物肥料。据说，一条蚯蚓每天处理的有机垃圾，是它体重的一半还要多……

大自然就是这么奇妙，许多动植物在保护自己的同时，也帮助了别人。

我想，以后看到这些蚯蚓的"城堡"，我一定会向它们深深地鞠躬。

惊　喜

真是太令人兴奋了，我竟在森林里遇见了一株鲁冰花！就是那种表达"母爱""奉献"的鲁冰花，花开得艳丽，死后肥沃土地。而眼前这株鲁冰花，在夕阳的照耀下显得格外艳丽夺目！我久久地看着它，深情地欣赏它，不禁想起了我那故世多年的妈妈，想起了电影《鲁冰花》主题曲的歌词："夜夜想起妈妈的话／闪闪的泪花鲁冰花／天上的星星不说话／地上的娃娃想妈妈／天上的眼睛眨呀眨／妈妈的心呀鲁冰花……"想着想着，早已泪水满面，沾湿衣襟……

森林里这样的惊喜是可遇不可求的。一旦出现了，它们是不会等你很久的。所以我珍惜它，天天都去欣赏它，直到它的花朵慢慢枯萎，肥沃了那块土地……它和我的妈妈，和"母爱""奉献"，同时融进我的心里，获得永恒。

森林里这样令人惊喜的花木是很多的，但它们只为有心人开放。只有跟它们心灵相连的人，只有真心爱护它们的人，才会独具慧眼，看到它们盛开怒放、美艳绝伦的模样——

记得桦树下的那棵石蒜花，也在一个夏日的傍晚，迎着夕阳，蓬勃娇艳。可是有几个人看到它了呢？没多久，它就悄无声息地死了，以后几年里，我都去那棵桦树下，可再也没有见到它，好像那里从来就没有生长过这样一棵石蒜花。我还在森林小路边的石头旁，看到过一株紫罗兰。可是有多少走过路过的人注视过它呢？以后它再也没在石头旁出现。我还看到过传说中的曼陀罗和红颜色的狗尾草。这么传奇美艳的花，又有多少人发现了它们呢？……

亲爱的人们呀，对你身边的大自然多看一眼吧！其实大自然每一棵花木也

顽强旺盛的狗尾草，你发现了吗？

都在关注着你，猜测着你爱不爱它呢……用你的真心来珍惜它们吧，它们会为你开出最美的花，带来永久的惊喜！

想念萤火虫

我是因为想念萤火虫，才去森林公园过夜的。几十年来，童年的萤火虫带给我的快乐，一直萦绕脑际，挥之不去——

我曾经在夏夜里，躺在一块门板上，边乘凉边观赏，闪烁的萤火虫，在身边飞来飞去；我曾经跑到萤火虫最多的小树林里，跟它们做游戏，让调皮的萤火虫钻进我的衣领，亲吻我的脸庞；我曾经把萤火虫放在蚊帐里，让它们陪伴我进入梦乡；我曾经捉了萤火虫，养在瓶子里，甚至在菜地里摘了一段青葱，别出心裁地把萤火虫装进一节节葱节里……哈，那一只只萤火虫在一节节葱节里，一亮一灭，浪漫而有趣……萤火虫，实在是一个乡下孩子最有情趣最浪漫的玩伴。

可自从我进了城以后，这种情趣，这种浪漫，就只能停留在美好的记忆里。买了现在这所带森林的房子以后，我曾经突发奇想，网购了几只萤火虫，到楼下森林放生，希望它们能在那里繁衍生息、永久定居。可我失败了，买来的萤火虫没几天就全部杳无踪迹。萤火虫喜欢潮湿闷热的生活环境，楼下森林虽然有池塘有瀑布，但那都是人造的，用水泥砌成，根本不适合萤火虫生活，能留住它们才怪呢！

感谢森林公园园艺师小张，她告诉我："我们森林公园才是真正的森林，每逢夏夜，无数萤火虫就会在森林里点灯笼。哈哈，欢迎您前来观赏……"

我就这么住进了森林公园度假村。

黑夜很快来临，我迫不及待地向盈湖边走去。四周黑黢黢的，偶有青蛙"呱呱呱"叫几声，盈湖边的老杨树像怪物一样张牙舞爪。森林的黑夜静得让人害怕，但我一直处于兴奋状态，所以并不怎么在意。我只是在黑夜里移动脚步，期待着萤火虫的出现。

终于眼前一亮，我看到有几个小亮点，在盈湖边的树丛里一闪一闪。啊，那就是萤火虫呀！我兴奋得叫了起来。紧接着，又有几个小亮点，在黑黢黢的湖面摇摇摆摆……我知道，已经来到了森林公园萤火虫最多的地方，于是停住脚步不走了。我静静地观赏起来，看到了成群结队、漫天飞舞的萤火虫，看到了成双结对、交头接耳的萤火虫。我还看到，有的萤火虫在打打闹闹做游戏，有的萤火虫显得很孤单，独自打着灯笼找妈妈……我足足看了一个多小时，这才沿着盈湖继续往前走，所到之处，几乎都有零星萤火虫相伴。尽管萤火虫不多，它们没有钻进我的衣领，也没有亲吻我的脸庞，但我已经很满足。

感谢森林公园，让我度过了一个梦幻浪漫的萤火虫之夜，找回了童年的乐趣……

六月

森林里的苔藓森林

一

你会散步吗？你笑了，散步谁不会？不就是走路嘛！我说，你这样理解，说明你是一个不会散步的人。散步有许多种，一种就是你说的走路，稀里糊涂地走：只为了到达一个目标，至于路边有些什么，发生些什么，你都漠不关心、熟视无睹，这是从甲到乙目标非常明确的走路；还有一种是快走，快走是一种锻炼，目标是为了身体健康；再有一种就是慢走，很慢很慢地走，也可以说是一种漫步，这种走没有目标，只是走，走入一个你喜欢的环境里，把自己交给那个环境，或者说把自己扔到那个环境里，跟那个环境融为一体，让你的心灵得到洗涤，从而慢慢地享受那个环境带给你的新奇和快乐……

我不排斥从甲到乙目标明确地走，也喜欢快走健身，但是一旦进入我的森林，我必定是慢走，走得很慢很慢。我会左顾右盼，看看周边有些什么变化；我会拍拍这棵树的枝干，摸摸那棵树的枝叶，跟他们说笑交谈；我还会蹲下身子，跟草丛里的小虫一起游戏玩耍……尤其是春暖花开的季节，森林里每天都有新的变化，慢慢地散步，就会得到许多新鲜有趣的发现——森林里的苔藓森林就是这么被发现的。

二

那是一个早晨，我在森林里散步。路边一片红枫叶映入我的眼帘。那片红枫叶在晨光照射下，红得透明，引人注目，于是我走近去看。看着，看着，忽然觉得脚背上有点儿痒，俯下身子去挠痒，原来是蚂蚁在捣乱！也就在这时，我发现，我的脚正好踩在一片苔藓上，而那片苔藓已经长得很高，郁郁葱葱，淡绿加嫩黄，就像一片森林。一群蚂蚁跑进跑出，忙忙碌碌。我笑了，那只蚂蚁肯定是在向我发出抗议，因为我闯进了它们的领地，踩到了苔藓森林。

苔藓是一种微小的植物，冬天里它们呈深绿色。一大片苔藓铺成的绿绒厚地毯，悦目而柔软，小孩最娇嫩的脚，赤裸着走上去，会感到一种爱抚。春天来了，所有的植物都在生长，苔藓也在长。它们渐渐变成草绿色，变成嫩黄色，又细又长，整齐林立，蔚为壮观。俯下身子观察，就是一个微型植物世界。苔藓一般生活在阴湿的地方，受到大树和青草等周边植物的呵护。苔藓长成森林后，又保护更微小的植物，收容、遮护小昆虫。这真是一个互相关爱的温馨世界。整个森林，就这么传播着一种精神：相互呵护，宽容温厚。

眼前这片苔藓森林，就成了这群蚂蚁遮风避雨的家园，它们跑进跑出忙忙碌碌，究竟在干什么呢？为了看清楚这一切，我干脆趴在地上——哈，我看见一只小甲虫躺在苔藓森林里睡觉；看见东面的蚂蚁不知从哪里扛来了一块面包屑，西面的蚂蚁扛来一片菜叶；看见一只

晨光下五彩的露珠，把苔藓森林映照得喜喜洋洋。你很难相信，这就是蔚为壮观的苔藓森林！

蜜蜂在苔藓森林上空嗡嗡地飞。而晨光下的露珠是五彩的，把苔藓森林映照得喜气洋洋……

我趴在地上，越看越兴奋，一篇有趣的儿童散文《苔藓森林》就在脑子里渐渐涌现——

一个小孩，看着一块苔藓，聚精会神，喜笑颜开。嗨，小孩，你能告诉我看到了什么吗。难道一块苔藓，在春天的暖阳里，会有特别精彩的表演。在我看来，那只是一块普通的苔藓呀。你能告诉我吗，它究竟神奇在哪里，究竟藏着什么样的秘密，让你如此着迷……

我蹲下身子，现在，我的耳朵，跟小孩的耳朵碰在一起。我的眼睛，跟小孩的眼睛同在一条视线。那块普通的苔藓，顿时变成了一个森林，嫩嫩绿绿一大片。我看见，一只小甲虫在森林里瞌睡。小蜜蜂嗡嗡嗡说它太懒，露珠一闪一闪。是挂在森林里的气球。一群群小蚂蚁爬去又爬来，在森林里张灯结彩。哈哈，我和小孩一样，也看到了一个童话世界……

三

那是一个雨后，我在森林里散步。迎面过来祖孙俩，走得很慢很慢：小孙女在前面蹒跚地走，爷爷推着童车跟在后面。很显然，小孙女刚学会走路。突然小孙女眼睛一亮，飞快地朝着一个水塘走去。爷爷急坏了，大声喊："嗨嗨，别走水塘！"而小孙女却笑嘻嘻地偏偏朝水塘里走。她肯定不是没听到爷爷的警告，而是故意跟他唱反调……

我看着小孙女调皮开心的笑脸，忍不住笑了。我知道，在小孙女的眼里，那个水塘就是一片大海。我看着爷爷的焦急和无奈，真想大声呼喊：小孙女走过水塘，就像走过大海，不信，你也可以试试；只要你把自己变成孩子，肯定也会在水塘里尝到大海的滋味……

四

我在森林里散步，还看到过这样一个有趣的情景：

一家三口在森林里散步，爸爸妈妈走前头，肩并肩，手牵手，还要不停地说话。小男孩跟后头，就像爸妈的尾巴。爸妈说起话来，没完没了，热闹无比；尾巴跟在后面，左顾右盼，在草丛边玩得欢天喜地……

我相信，小男孩一定在草丛里发现了秘密。如果此刻我告诉他，森林里还有许多苔藓森林，他一定也会产生浓厚兴趣。散步结束回到家里，他一定会对爸妈说：刚才蚂蚁家族办喜事，你们看到了吗？那气氛真叫热闹，迎亲队伍足足几百米；那场面真叫稀奇，新娘坐上了蜻蜓飞机……爸妈一定会睁大眼睛摇头：我们怎么没看到？而这时，小男孩也一定会扑哧一声笑：哈哈，这下亏惨了吧？所以说，我要提醒你们，散步要慢慢地走，散步时肩并肩亲昵倒是可以，但是最好不要一直一直说话……

五

有一天，我把拍摄的苔藓森林的照片，拿给女儿看。

女儿惊讶地问："这是什么植物？真美，就像一片嫩嫩绿绿的森林！"

我说："这确实是一片森林，可它们是由普通的苔藓长成。"

"你在哪里拍到的？"

"就在咱家楼下的森林里呀！"

女儿一脸疑惑："我每天进进出出，怎么没看见？"

我诡秘地笑笑，有点得意："因为你总是匆匆忙忙地走路，急于上班，当然看不到。而自然界的每一点细微变化，都需要慢慢品味，需要用心灵去感受、体会。只有学会散步，在散步中慢慢品味，用心去感受、体会大自然的一草一木，你才能看到普通的苔藓也在变化，甚至会变成一片森林；你才能闻到森林里的青草在散发清香的味道；你才能看到小虫在草丛里唱歌舞蹈；你才能感受到野花在朝你点头微笑……当然，如果能有清风做伴，那就更好，你的长裙，就会随着清风潇洒地飘……"

女儿被我说得心痒痒的，拿起照相机，就下楼朝森林里跑。我把她带到长势最旺盛的苔藓森林前，她兴奋地趴在地上，不停地拍摄、拍摄……

看着她那专注忘我的神情，我知道，她也已经入迷……

蜜蜂和苍蝇的童话

那天，我去楼下森林拍摄蒲公英黄花。

森林最西南端有块空地，那里长满了蒲公英。大部分蒲公英开着黄花，性急的已经结籽，变成了柔软轻盈的白色绒球，看了忍不住想碰它们，吹它们，让它们变成漫天飞翔的降落伞。

一只蜜蜂和三只苍蝇居然同时对一朵黄花产生了兴趣，真是不可多见的景象！

这块空地很少有人去，却成了我的乐园。

我来到那里，端起相机对准了一朵盛开的黄花。就在这时，我突然看见一只蜜蜂飞到这朵黄花上采蜜，忙忙碌碌。一会儿，又有三只苍蝇飞过来，也在这朵黄花上又啃又舔。奇怪，一只蜜蜂和三只苍蝇居然对同一朵黄花产生了兴趣，这不是童话吗？

我兴奋得屏住了呼吸，仿佛听到苍蝇在问蜜蜂："这朵黄花好吃吗？好像没什么味道呀，你为什么吃得那么津津有味、恋恋不舍？"

蜜蜂笑笑说："因为我是蜜蜂，你们是苍蝇。"

我也笑了——我拍到了蒲公英黄花，还拍到了一个难得一见的有趣童话！

擅长伪装的竹节虫

为了保护自己，生活在树枝上的竹节虫，长得很像树枝。风吹时，竹节虫就摇晃身体，就像枯枝在摇曳，天敌就不会找它麻烦了。有的竹节虫背上长有硬刺，企图打消掠食者的兴趣；有的竹节虫甚至能伪装成毒蝎子的姿势，吓退敌人……

恩将仇报的杜鹃

全世界一百三十多种杜鹃鸟中，约有五十种有"寄孵行为"。

杜鹃妈妈会趁别的鸟妈妈离开巢的瞬间，偷偷叼起鸟蛋，然后偷梁换柱，把自己的蛋混入巢中，让别的鸟妈妈孵化自己的杜鹃蛋。

令人气愤的是，杜鹃蛋孵化后，不但不谢养育之恩，反而将鸟妈妈自己的亲生鸟蛋或鸟宝宝，一个个顶出巢外，让不知情的鸟妈妈将它们这些"冒牌货"抚养长大。

大自然，真是无奇不有呀！

墙上的生命斗士

我们常常能看到墙上、水泥地上，会有植物生长出来，它们就是蕨类植物。城市里最常见的蕨类有铁线蕨、剑叶凤尾蕨和麟盖凤尾蕨。

铁线蕨常常出现在阴暗潮湿的墙壁上，尤其是建筑物的排水孔和渗水的房屋周围，常常能看到这种叶片像"扇子"般的蕨类。而剑叶凤尾蕨和麟盖凤尾蕨，甚至能生长在阳光强烈又缺水的地方，是生命力最旺盛的蕨类植物，水泥墙、石墙和砖墙上都可以看到它们的踪影。麟盖凤尾蕨的生长，使一些砖砌的老房子，增添了历史的沧桑美……蕨类植物能适应恶劣的环境，真不愧为生命斗士！

树上的房客

在森林里，许多树上会长出其他植物。真是太奇怪了，这些植物会不会夺取树的营养呢？不会。这些植物叫"附生植物"，它们只是借住而已，不会夺取"房东"身上的养分和水分。哈哈，它们只能算是不付"房租"的"房客"。

如果你仔细观察，会发现这些附生植物，多半生长在枝丫的凹洞或交叉处。这些地方容易积存尘土和水，种子掉落在这里就比较容易发芽生长。

许多藻类、地衣类、苔藓类、蕨类和兰科植物，都属于"附生植物"。

路边的小雨伞

连续几天梅雨后，我到森林里散步，突然发现了许多小蘑菇。它们从路边木栅栏的缝隙处，探头探脑地钻出来，就像一把把"小雨伞"，非常可爱。

在温暖潮湿的天气里，像小蘑菇这类的真菌，就会从木头里长出来。这是因为它们要分解木材中的纤维素和木质素，作为自己的营养。他们加速分解死亡的木材，让木材本身的养分重新回到土壤中，孕育出更多的植物。所以说，真菌是大自然中非常重要的"清道夫"。

薰衣草小屋

公鸡唱唱在山坡上盖了一间小屋，种了一大片薰衣草。他好像对薰衣草有点偏爱，连屋顶、窗台和围墙上也摆满了一盆盆薰衣草。所以，人们把他的小屋叫作"薰衣草小屋"。

薰衣草小屋的西边住着小猪呼噜噜。小猪贪吃，他在山坡上种了一大片甜玉米；小猪更贪睡，他可以没日没夜地睡，睡得脸红扑扑的。幸亏公鸡唱唱每天清晨都要打鸣唱歌，喊醒他，否则真不知他会睡到哪年哪月！

他们是一对好朋友，就像亲兄弟一样爱着对方。

这天，公鸡唱唱抱着一大捧薰衣草来到小镇。他太漂亮了，长长的羽毛有金红色、金黄色，还夹着一些黑色，又鲜艳又光滑，让人忍不住想去摸摸。他怀里的薰衣草是紫色的，清甜的花香伴随着他，在空中弥漫。小镇居民羡慕地欣赏着这道风景，都围上来买薰衣草。他们喜欢薰衣草，有的用来插花，有的用来做薰衣草花茶，还有的把薰衣草夹在书本里，老人嗅一下薰衣草，精神好得不得了。

迎面又走过来小猪呼噜噜。他的口袋里也插满了薰衣草，帽子和项链也都是用薰衣草编织而成的。他笑眯眯地边走边向小镇居民送去飞吻，就像马戏团的滑稽小丑。

公鸡唱唱心里又好笑又有点疑惑：他哪来的薰衣草？

"那还用问？当然是偷了你的薰衣草！我看见的。"嗓音尖尖细细，回头一看，是小灰鼠！公鸡唱唱想了想，说："看来小猪呼噜噜也喜欢薰衣草，既然好朋友喜欢，那就拿点吧。"小灰鼠自讨没趣地走了。

可是奇怪的事情发生了：小猪呼噜噜的甜玉米也被人偷了不少。他气得暴跳如雷："谁？谁偷了我的甜玉米？"

小灰鼠马上凑上去帮腔："那还用问吗？当然是公鸡唱唱偷了你的甜玉米！我看见的。"

"对，肯定是他！"小猪呼噜噜自作聪明地用手掌翻来覆去比画，"昨天我偷了他的薰衣草，今天他就报复我。这么简单的道理，我怎

么会分析不出来呢？"

"对呀，您真是太聪明了！"小灰鼠跳起来，在小猪呼噜噜脸上结结实实亲了一口。

小猪呼噜噜被亲得轻飘飘的，越想越觉得自己确实聪明。于是，他跟公鸡唱唱结下了仇。

这以后的几天里，公鸡唱唱的薰衣草老是少掉，小猪呼噜噜的甜玉米也常常被偷。公鸡唱唱一直忍着，可小猪呼噜噜忍不住了，终于有一天，他怒气冲冲地拿了把锄头冲过去，锄掉了薰衣草，砸毁了"薰衣草小屋"，还把公鸡唱唱赶到了山谷里……

山坡上一下子变得空荡荡的。因为没有公鸡唱唱打鸣唱歌，小猪呼噜噜整整睡了三天三夜。等他醒过来，事情已经不妙，小灰鼠正指挥着一百只小黑鼠在大啃大嚼他的甜玉米呢！吃不完的还装进口袋，搬上车……

"你们？你们……"小猪呼噜噜大吃一惊，"原来是你们干的坏事呀！"

他气坏了，举起拳头，赶跑了这些坏蛋，但甜玉米已经被糟蹋得一塌糊涂。

小猪呼噜噜很伤心，他后悔自己错怪了公鸡唱唱，但公鸡唱唱已经被他赶到山谷里了呀！他迷迷糊糊地躺在床上，好像看到公鸡唱唱又在山坡上种薰衣草，又在屋顶、窗台和围墙上摆薰衣草，又在每一个早晨打鸣唱歌叫醒他……他激动得去拥抱公鸡唱唱，醒来却是一场梦。他很失望，但就在他起床开门的一刹那，奇迹却发生了——

门外有一阵紫色的轻烟，一会儿聚拢一会儿飘散，渐渐地，紫色轻烟中露出了一颗用薰衣草编织的大大的紫色的心，心的下面挂一张纸条，纸条上写着：友谊地久天长！

"哇，是公鸡唱唱回来了！"小猪呼噜噜在心里欢呼。他四处寻找，没找到公鸡唱唱，却看到自己家的屋顶、窗台和围墙上，不知被谁摆满了一盆盆薰衣草，每一盆薰衣草下也都挂着一张纸条，每一张纸条上也都写着：友谊地久天长！

哈，小猪呼噜噜的屋子也变成了美丽的"薰衣草小屋"！但谁也说不清楚，这究竟是公鸡唱唱的"薰衣草小屋"，还是小猪呼噜噜的"薰衣草小屋"……

剪掉一半的窗帘

剪掉一半的窗帘，并不是真的把窗帘剪掉一半。

只是窗帘做得太短，只遮住了玻璃窗的一半，下面一半就这么空着，所以看上去好像是把好端端的窗帘剪掉了一半。这是德国人故意所为，而且大部分人家都是这样。这跟通常情况下上海人喜欢把窗帘做成落地的款式截然不同，所以自然就引起了我们的疑惑不解。

有一天，我们终于向一位德国女主人发问：

"为什么要把窗帘做成这种'半吊子'的模样？"

"这样可以更好地欣赏摆在窗台上的花呀。"

"拉上窗帘，不是照样可以欣赏吗？"

"可是室外的过路人却看不到了。"

那位德国女主人的回答是不经意的，却使我们的内心受到了极大震撼。我们恍然大悟：原来德国人的这种故意所为，完全是为别人着想！窗台上的花是给自己看的，也是给大家看的；窗台上的花美化了家庭，也美化了整个城市。每个家庭美化了城市，其实也就是美化了自己……

看着那剪掉一半的窗帘，我们看到了一种美丽的境界，一种高尚的心灵。正是有了这种美丽的境界和高尚的心灵，所以才有了现今童话般的德国。

牵牛花爬上木栅栏

春天来了，樱樱想把小花园布置得漂亮点。樱樱让爸爸把小花园四周的木栅栏漆成白色，让妈妈在木栅栏下的泥土里种上牵牛花。樱樱自己呢，为每一棵牵牛花都浇上了水……

太阳出来了，阳光把白栅栏照得洁白透亮；阳光照得牵牛花一个劲儿向上爬。

不知什么时候，一朵红色牵牛花悄悄地爬上了木栅栏。过了几天，又有一朵紫色牵牛花爬上了木栅栏。又过了几天，一朵蓝色牵牛花也爬上了木栅栏。

再过了几天呀，黄色牵牛花、白色牵牛花、粉红色牵牛花……各种颜色的牵牛花，争先恐后地爬上木栅栏，把白色的木栅栏装点得色彩缤纷、多姿多彩。

啊，春天的小花园真美丽！樱樱突然想到老师在音乐课上讲的五线谱，那一根根木栅栏多像一条条五线谱呀！樱樱又想到了老师在五线谱上画的一个个音符，那爬在白色木栅栏上的一朵朵牵牛花，多像一个个彩色的音符！

"牵牛花爬上木栅栏，写成了春天的乐章！"

樱樱兴奋地在心里吟诗歌唱。

花精灵飞呀飞

没想到我在维兹拉小镇竟会看到花精灵！

那是我们采访团住在维兹拉小镇的第一个晚上，我几乎一夜未眠。倒不是旅途劳累时差没有倒过来，而是因为我一直隐隐约约听到窗外传来小女孩轻声嬉笑唱歌的声音。那声音很细、很飘、很怪，但很快乐，好像隔了一层玻璃，又像是从另一个空旷的世界飘过来似的，让人捉摸不定。我一直在猜想：那是一些怎样的小女孩呢？为什么在深更半夜嬉笑唱歌呢？……

熬到四五点钟的时候，我终于忍不住想到外面看个究竟，于是从床上爬起来，朝着小女孩嬉笑唱歌的方向走去。天还没亮，只有昏暗的街灯照出了房子的轮廓，让人觉得有点冷。我拐了一个弯，再拐一个弯，发觉声音就从前面那幢小楼的花园里传出来。于是我贴着一道竹篱笆悄悄走过去。天哪，这是一幅多么神秘多么刺激的美丽图景呀！那幢小楼很精致，屋前屋后简直是万紫千红。两个活泼可爱的木偶小精灵正在花园里忙忙碌碌地莳花弄草，一个拿着水壶浇水，一个挥舞扫帚扫地，嘴里唱着快乐的歌曲。让我更为惊讶的是，花园里竟然还有几千个花花绿绿各种颜色的小小花精灵飞舞着。她们小得只有小手指那么大，都穿着鲜艳的花裙子。她们在木偶小精灵头顶快乐地飞呀飞呀，是伴唱，又像是伴舞……

原来并没有什么小女孩，而是这些小精灵在唱歌跳舞呢！我又朝四周看了看，隐隐约约看到这里所有的花园几乎都有小精灵在忙碌，在唱歌跳舞。太神奇了！我怀疑自己是在做梦，就这么听着木偶小精灵唱呀唱，看着小小花精灵飞呀飞，久久地惊呆在那里……

直到太阳露头的时候，花园才恢复平静。小精灵霎时间消失了，歌声也没了，只有一棵棵夺目的鲜花，站在刚浇过水的湿润润的泥土里，一颗颗水珠在花瓣和叶片上轻轻滚动，清晨的阳光使它们格外晶莹。眼前那棵高高的黄玫瑰下，两尊木偶小精灵调皮地看着你。我猛然醒悟：德国一向有个传说，在花园里供奉几尊小精灵，每当夜深人静的时候，她们就会出来帮忙收拾花园，一夜之间，就会将花园整理得干干净净、漂亮有致……刚才在花园里浇水扫地的木偶小精灵，恐怕就是她俩吧！

德国人太爱花了，我们在德国访问的日子里，所到之处，总能看到每家每户都把窗台布置得花团锦簇。他们对于种花很经心很讲究，有的花紧贴着房子就像在墙壁上画了一幅画，而有的墙壁在鲜花的映衬下则变成了一匹好看的艺术花布。鲜花的品种也很奇特，有的艳丽，有的优雅，有的鹤立鸡群，有的气势磅礴。德国人是把花草树木当作人一样尊敬关爱的，谁损害了花草树木，谁就要受到惩罚。为了让鲜花能占据窗台最显眼的位置，他们不惜剪掉一半窗帘，或者干脆把窗帘做成"半吊子"。那个被写进童话《软骨虫》里的小镇洛特巴赫，甚至就以制造玩偶——"花园里的小精灵"而著名……

于是，小精灵们就开始回报德国人。

回到旅社用早餐的时候，我不敢跟任何人说起我刚才看到了木偶小精灵和小小花精灵。我知道，他们肯定会瞪我一眼，然后说我有病。甚至连我自己也吃不准，木偶小精灵和小小花精灵的出现究竟是怎么回事。也许她们确确实实存在；也许我看花了眼，纯属子虚乌有。但我愿意她们存在，因为这种存在实在太美丽：你善待了她们，她们就以善待来回报你。她们在善待你、让你获得快乐的同时，肯定自己也觉得很快乐吧。

我愿意快乐的木偶小精灵和小小花精灵再次出现！

花　朵

花　园　里
美　丽　的
花　朵
很 多 很 多
红的蔷薇 黄的玫瑰 蓝的菖蒲 紫的牵牛
美丽的花朵 鲜艳的花朵 你追我赶 开了一朵又一朵
一只蝴蝶飞过来
拍拍玫瑰的肩 亲亲菖蒲的脸 挠挠牵牛的腰 握握蔷薇的手
妹妹笑笑说 蝴蝶也是花朵 一朵飞来飞去顽皮的花朵
妹妹看着蝴蝶 妹妹看着花朵 看得入迷了
妹妹喜欢蝴蝶和花朵 喜欢得眉飞色舞
妈妈笑着说 妹妹也是花朵
一朵感情丰富
有
爱
心
的
花
朵

圆

西瓜是绿的大圆

番茄是红的小圆

甜瓜是黄的长圆

哈密瓜是青椭圆

大圆小圆

长圆椭圆

切开来　尝一口

味道都很甜

我把圆吃到肚子里

肚子

也变成了一个

大大的

圆

七月

担　心

　　我一向认为自己是个好脾气的人：整天笑容可掬，温文尔雅。我好像天生不会发脾气，不会吵架，即使跟人争论几下，也会脸涨得通红，语无伦次，憋半天说不出一句骂人的话。遇到不公平的事，也总是以我的"谦让"和"算了算了"而告终……可是这次我真的发脾气了，发得还很厉害——不为别的，就为了我楼下的那片森林。

　　现在许多高档小区的花园下面都设计成地下车库，花园的地层土壤并不是很深厚。如果不下雨，花匠每隔一段时间就得为花园浇水，否则树木就会因断水而干枯死亡。所以一到高温干旱的七月，我就要为森林里的树兄树弟们担心，就要期盼着花匠快快来浇水灌溉。尤其今年七月，是上海一百四十年来最热的一个夏天，连续十几天不下雨，连续高温四十摄氏度。森林里的泥土已经坚硬发白，咧开了嘴巴讨水喝；所有的树叶都被晒得起卷子，失掉了嫩绿的光泽；水泥小路散发的热气几乎可以灼痛脚……这段日子，我每去一次森林，便会汗如雨下、浑身湿透。你想想，这样的高温，这样的干旱，我能不担心吗？天气奇热，人可以躲在房间里吹空调，可树兄树弟们只能任凭烈日炙烤；口渴了，人可以多喝水，可树兄树弟们的水呢？……想想吧，如果这时候花匠突然出现在森林里，他手里的橡皮水管哗哗地冒着清凉的水，早已干枯的泥土湿润了，无精打采起卷的树叶，重新挺直腰杆、舒展笑脸；所有的树木花草，都张开嘴巴拼命地喝，喝，喝……啊哈，那是一件多么令人欣喜的事呀！

可是花匠不知去哪儿了。不知为什么，你在心里千呼万唤，花匠就是不肯出现！我只好跑到物业办公室，很有耐心地对管理员说："快安排花匠来浇水吧，花园里的树木都快干枯死了！"

"好的，好的，我们会安排的。"管理员的态度很好。

可我等了两天，依然不见花匠来浇水的踪影，只看见报纸电视在不停地播报，说某地的蔬菜被"烤"死了，某地的水稻已干枯，某地的苹果被"烤"得不脆了，某地的袋鼠也因为口渴难忍，跑到路边向行人讨水喝……网上传播的一些笑话，更是让人啼笑皆非，说什么高速公路出车祸，一车活鱼倒翻在路上，不多久就熟了；街上遇见一个陌生人，相视一

大树也热了，跳到水里洗澡。

笑，变熟人了；某地太热，竟然连非洲外宾也吵着要回非洲去……看着这些传闻，我心急如焚。我一会儿在客厅里踱来踱去，一会儿跑到阳台上，朝楼下森林看看。我为树兄树弟们的命运担心，却无能为力！

我终于坐不住了，再次跑到物业办公室。可这次，我好像一点耐心也没有了，一进门就朝着管理员大喊大叫。其实说大喊大叫，那是"谦虚"了。事后想想，应该是吼叫。我自己也觉得奇怪，一个好脾气的人，竟然会发这么大的火！更令我惊讶的是，我在发脾气的时候，竟然一点也不温文尔雅，也不再语无伦次，而是连珠炮似的吼出一连串很有分量的词句。我责问物业，为什么还不浇水？物业说，没有呀，我们已经安排花匠浇水了！我说我怎么没看见？我刚刚到花园里看过，那里的泥土还是白的，硬得像块砖！物业说，花匠确实已经浇过水了。我说你们不相信的话，可以自己到花园里看看嘛，是不是像浇过水的样子？我告诉你们，如果花园里的树木干死了，你们是要负责任的！那么多树，那么大的树，你们赔得起吗？……最绝的是，我说完这番话，转身甩手而去，一点解释的余地也不给他们。跑到大厅里，又在公示栏上愤然写下一行醒目的大字：快救救花园里的树木吧，他们没水喝，快干枯死啦！！！我的用意很明显：发动群众，给物业施加压力！

不知是我的施压产生了效果，还是其他什么原因，花匠终于在傍晚时分出现了。只见他提着一捆橡皮水管，在森林里忙进忙出。就像在茫茫沙漠看到了一片绿洲，就像在黑夜里亮起一盏明灯，我欣喜若狂地奔下楼，快速跑到森林里，一边帮着花匠拉水管，打下手，一边跟他攀谈了起来：

"谢谢您来浇水，这个森林终于有救了。"

"是呀，今年夏天实在太热，这里的地层又薄，一旦失水，后果不堪设想！"

　　"那你怎么现在才来呀？"

　　"没有呀。我前两天就来浇过水了。"

　　"真的吗？我前两天好像没看见你来浇水呀？"

　　"我是晚上来的，你自然就注意不到。"

　　"是吗？为……为什么要晚上来浇水呢？"

　　"因为白天太阳太炙热，浇上去的水马上会变烫，我担心很烫的水会把树木炙伤。"

　　……

　　我顿时无语，心里就像打翻了五味瓶，歉疚万分。我羞红了脸，低着头，不好意思看花匠，后悔自己到物业办公室大发脾气，后悔冤枉了物业，冤枉了花匠。我这才明白：在这个干渴奇热的七月，原来不止我一个人，在为我们这个森林的安危担心，担心，担心……

花匠终于出现，森林终于有救啦！

雨中散步

在雨中散步，是一件很快活的事。

但最初，我并不相信。7月26日那场大雨下了半个多小时，转为绵绵细雨后，我看见几个孩子，竟嘻嘻哈哈地跑到雨中嬉戏玩耍起来（下大雨时，他们像过节一样聚集在楼下门厅里，一边看下雨，一边做游戏唱童谣："落雨了，小巴辣子开会了……"大雨刚转为绵绵细雨，他们就急不可待地跑了出去），甚至有几个大人也跟着跑出门厅。我劝阻他们："雨还在下呢，当心淋了雨感冒。"而他们却笑着告诉我：这种季节，这样的气温，淋点细雨是没关系的。见我还有点疑惑，他们便引经据典地阐述道："其实人是需要一点'小刺激'的，让绵绵细雨对脸部、头皮等肌体，进行柔和的按摩，你会感到气血通畅、神清气爽。降细雨时所产生的大量负氧离子，又能加强人体的新陈代谢。这不是更有利于健康吗？……"

这道理其实很简单，只是许多人害怕感冒，不敢尝试罢了。我不好意思地笑笑，自我解嘲说："那么，就让我也来尝试一下跟绵绵细雨亲密接触的感受吧。"

我就这么，跟他们一起走进了飘着绵绵细雨的森林。

这时，云雾已经散开，太阳也出来了。在阳光里，细细的雨丝变得亮晶晶的，让人看了兴奋，而整个森林也是湿漉漉的，亮晶晶的。刚才那场大雨，让所有的植物都痛痛快快洗了个澡、痛痛快快喝了个饱，如今变得格外青翠欲滴、精神抖擞。小动物们也很精神抖擞，小径上会有蚯蚓爬过，草丛里会有蟾蜍跳跃，路边石阶上爬满了蜗牛⋯⋯也许，它们也想跟细雨来个亲密接触吧！

在细雨的森林里散步，只觉得细雨中那夹带着泥土和青草味的空气，湿润润的，扑面而来，仿佛五脏六腑都被彻底洗涤了一遍。我尽情享受着这免费的天然氧吧，身心真的是格外舒畅、清爽！尤其是那一颗颗晶莹剔透、圆润可爱的小雨珠，格外引人注目。它们有的悬挂在树叶和草叶尖上，有的在荷叶、八角金盘等阔叶盘上微微滚动⋯⋯

一场细雨过后，水珠们汇聚荷叶底端，将它盛满，好快活！

我低下身子去看，看见每一颗小雨珠里都有我的脸庞。我用手轻轻一碰，它们立马像滑滑梯一样，喜笑颜开，不知滑向了何方……它们是雨神派来的小精灵吧，给森林，给人们带来了如此有趣的体验！

触景生情，我的脑子里浮现出一段小文——

一场细雨过后，水珠滚来滚去，盛满荷叶，好快活！

蝴蝶飞过去，盯着水珠看很久；蜜蜂飞过去，盯着水珠看很久；蜻蜓飞过去，盯着水珠看很久……我也跑过去看，看见我的眼睛，在水珠里看我。许许多多的我，在荷叶里滚着。

哎哟，哎哟哟，原来它们和我，都在照镜子，看自己的快活！

这样的快活，只发生在绵绵细雨中。在细雨中散步，真的很快活，千万别错过！

空中小霸王蜻蜓

蜻蜓的飞行速度很快，还能悬停在空中，甚至能直接在空中猎捕蝴蝶、苍蝇等昆虫，所以有"空中小霸王"之称。

有个成语"蜻蜓点水"，比喻肤浅而不深入。其实，蜻蜓点水是在产卵。雌蜻蜓交配后，会飞到附近的水域"蜻蜓点水"。它们将腹部垂直插入水面产卵，就像插秧一样，非常有趣。

昆虫中的"贝多芬"

蝉儿俗称"知了"，它们不断地激情演唱，是在求爱，吸引异性注意。它们唱过了夏天，唱到了秋天，才慢慢进入尾声。许多人以为蝉儿的耐力超强，竟能连唱两季。其实蝉儿的生命是很短暂的；短则数天，长也不过二十天，我们听到的蝉唱，是无数蝉儿的接力大合唱。

蝉儿的视力很好，五只眼睛能随时观察到左右及上方的动静。可它的听力却非常弱，几乎听不到自己的歌唱。即便你站在它的背后讲话、拍手、扔石子，它也不会表现出一丝惊慌，依然若无其事地歌唱。这让人们想起了贝多芬。贝多芬自二十六岁听力就日渐衰退，但他却创作了《英雄交响曲》等伟大作品，成为伟大的音乐家。蝉儿的听力差，却成为大自然的歌唱家，蝉儿真是昆虫中的"贝多芬"呀！

荧光航道

红蜻蜓是气呼呼地出门的。

怎么能不气呼呼呢？平时，红蜻蜓总要睡到太阳晒屁股，才会懒洋洋地起床，然后吃妈妈做好的早餐，再出门飞行。可今天，天才蒙蒙亮，他还在暖暖的被窝里做美梦呢，萤火虫就不请自来，闯进了他家的门……

妈妈安慰红蜻蜓："萤火虫妹妹的天性就是晚上飞行白天睡觉。她飞行了一个晚上，肯定太累了，需要休息。既然她喜欢我们家，就让她在我们家休息一天吧。"

"凭什么？这是我们的家！"红蜻蜓气呼呼地喊叫，"再说，我非常非常看不起她！"

"为什么？"

"她有点傻。"

"怎么傻？"

"有一天我摆摊卖蚊子。她问我多少钱一只蚊子，我说三元钱一只。她就讨价还价求我，能不能便宜点，十元钱买三只……"

妈妈扑哧一声笑了："哦，这确实有点傻。可是不能就此看不起人家呀！孩子你要记住，再傻的人，总有闪光的地方；再聪明的人，也有失误的时候。再说，脑子一时转不过来，这是常有的事。妈妈有时也会犯这样的错误呢。那么你说，妈妈是不是也有点傻呀？"

红蜻蜓看着妈妈笑嘻嘻的脸，一时不知说什么才好。

而这时，他肚子里的那股怒气，却汹涌澎湃起来。只见他脸色由青转白，由白转红，最后终于怒吼一句"你是有点傻"，然后离家出走了。在红蜻蜓看来，妈妈是应该站在儿子这边，维护儿子的。现在倒好，妈妈反而帮着别人说话。这不是傻是什么？

红蜻蜓就是这么气呼呼地出门的。

他要到外面的世界证明自己。证明什么呢？当然是证明自己多么聪明能干！

比如说搜索能力。红蜻蜓的一对大复眼，密布着两万多只小眼睛，可以从上下左右各个角度看猎物，再配合头部自由灵活的转动，捕捉猎物可以说是十拿九稳……

正巧有只小蜈蚣在扯着嗓子骂骂咧咧。一问才知道，猫头鹰把他的四十二只鞋子藏起来了。可他今天要去参加一个很重要的运动会呀，没有鞋子怎么参加运动会，怎么拿金牌？红蜻蜓暗暗好笑，这不是小菜一碟吗？他转动眼睛，四处搜索，马上就把猫头鹰藏在树丛里的鞋子找了出来……

再比如飞行技术。红蜻蜓不仅飞得快，而且可以像一架直升飞机一样，在河面上空自如地垂直盘旋、升降起落……

恰恰这时，河上游漂来一片树叶，树叶上趴着一只脸色发白的蜗牛。那片树叶在湍急的水流里一沉一浮，眼看就要沉没；而那只蜗牛则紧紧抓住树叶，绝望地喊"救命"……红蜻蜓快速飞过去，然后抓住蜗牛，盘旋，升起，转眼就飞到了岸上。你看看，蜗牛就这么得救了，整个营救过程只用了八秒钟……

现在的红蜻蜓已经不能简单地用"得意"来形容他了。应该这样说：他昂首挺胸，用一种最优美的姿势，在森林里神气活现、豪情满怀地飞行。

这时，天色已晚。太阳落到森林边缘的时候，给森林镶上了一道金边；渐渐地，又把整个森林染红。红蜻蜓看到鸟儿们都齐刷刷飞到了树枝最高处，恋恋不舍地看着夕阳……

触景生情，红蜻蜓突然想家了。他仿佛看到，妈妈正站在夕阳照红的家门口，等待着他回家。妈妈毕竟是妈妈呀！他后悔自己跟妈妈发那么大脾气，他真想马上回到家里，向妈妈说声"对不起"。于是，红蜻蜓开始向家的方向飞去。如果没有什么事干扰，赶在天黑前回到家里是没有问题的。问题是恰恰又有事了——

一只大灰熊躺在河岸边，不停地打自己的耳光：左边一下，右边一下。那张脸已经打得又红又肿，像个大脸盆，可他还在不停地打：左边一下，右边一下……

奇怪，天下竟有自己打自己耳光这样的怪事，而且还打得这样热火朝天、有滋有味？红蜻蜓忘记了回家，他飞过去问大灰熊："您觉得这样很开心吗？"

"开心才怪呢！"大灰熊怒吼一声，哭丧着脸说，"我是在打蚊子！可这家伙实在太狡猾，我一巴掌打下去，他就飞走了，一会儿叮咬我的左脸；我又一巴掌打下去，他又飞走了，一会儿又叮咬我的右脸。我发誓要灭了这只蚊子，于是就这么不停地打……"

红蜻蜓笑得前仰后合——一个庞然大物，竟然被一只蚊子捉弄成这样！

　　红蜻蜓决定要帮帮大灰熊。他转动两万多只小眼睛，四处搜索，果然发现一只蚊子正躲在大灰熊的头发里坏笑！红蜻蜓猛冲过去，一边冲一边将六条腿向前伸张。只见那每一条腿上布满了密密麻麻的尖刺，就像冲锋枪上了刺刀。蚊子被这架势吓坏了，刚想起飞逃跑，红蜻蜓已经将他围住，那六条腿迅速合拢，变成了一个小笼子，蚊子被围困在小笼子里了……

　　这一切，大灰熊看得真真切切。他高兴得手舞足蹈，跳起舞来。

　　红蜻蜓得意扬扬地看着大灰熊，像得胜归来的将军。一只连大灰熊也奈何不了的蚊子，却被他轻而易举地制服了，他能不得意扬扬吗？他的眼神里，甚至包含着蔑视的味道，话音里夹杂着讽刺和嘲笑："亲爱的熊大哥呀，您以后别再傻了好吗？自己打自己的耳光并不好玩，脸蛋肿得像脸盆也不好看……"可惜大灰熊没听清他的话，依旧傻傻地手舞足蹈。红蜻蜓太失望了，他讲了这么一句很幽默很经典的话，这家伙居然没听到？他不甘心，干脆飞过去想贴在大灰熊的耳朵上说，可是没贴着耳朵，却贴在鼻子上了！

　　不幸的事情也就随之发生——大灰熊鼻子痒痒，打了个大喷嚏，一下子就把红蜻蜓打到了空中，然后落到了河里，随着湍急的河水漂得无影无踪……

　　幸亏一棵倒伏在河里的大树拦住了红蜻蜓，否则后果不堪设想。但是天已黑，对红蜻蜓来说，天一黑，他就变成了一个盲人，寸步难行。这也就是说，红蜻蜓现在回不了家了！

　　事情就是这样，突然变得非常严重！

红蜻蜓浑身湿透。他又焦急又害怕，躺在河岸边"呜呜呜"大哭。

哭声惊动了黑夜里的一盏小灯笼。只见那盏小灯笼闪闪烁烁，飘飘忽忽，不断聚拢更多的小灯笼。渐渐地，小灯笼越聚越多，密密麻麻，数也数不清了。那些小灯笼四个一排，排成了一支很长的小灯笼队伍，浩浩荡荡，壮观得让人惊呆。

红蜻蜓惊呆了，他也顾不及擦干眼泪，就盯着这支小灯笼队伍看。他从来也没有看见过这么奇妙的景象，仿佛来到了童话世界！当这支小灯笼队伍飘到红蜻蜓面前的时候，红蜻蜓看清楚了，引领这支队伍的，竟然就是早晨闯入他家休息的萤火虫妹妹！

"你……你怎么来了？"红蜻蜓很惊奇，眼睛里露出一丝希望。

"你妈见你天黑也没回家，急得坐立不安，是小蜈蚣报告了你的消息，于是我四处寻找你……最后听到你的哭声，找到了这儿。"

"可我回不了家了，"红蜻蜓沮丧地垂下脑袋，"我在黑夜里是认不清路的。"

"我知道你天黑不认路。"萤火虫妹妹指着身后的小灯笼队伍，微笑着说，"所以我把森林里的萤火虫都邀请来了。这支长长的队伍可以一直通到你的家，为你照亮回家之路……来吧，你是一个伟大的飞行者，起飞吧，让我们这支小灯笼队伍，做你的荧光航道吧！"

这时，小蜈蚣、大灰熊、猫头鹰和鸟儿们全都赶来了，连蜗牛也骑在小蜈蚣身上向红蜻蜓招手！大家都鼓励红蜻蜓起飞，大灰熊甚至拍着胸脯说："别怕，不光有荧光航道指引，还有我们这帮兄弟护航呢……"

红蜻蜓含着热泪，跟好兄弟们一个个拥抱，然后起飞。

红蜻蜓是含着热泪，在荧光航道的指引下飞回家的。妈妈正在门口等她，他扑到妈妈怀里泣不成声。他泪流满面，回头朝着那条荧光航道大声呼喊："我爱你们——"

红蜻蜓的呼喊声在黑夜里回荡。

那条荧光航道慢慢散开，又慢慢变成一颗闪闪烁烁的"心"。那颗"心"，在大灰熊、小蜈蚣、蜗牛、猫头鹰和鸟儿们的簇拥下，围着红蜻蜓欢快跳舞；最后，又慢慢散开，化成一盏一盏小灯笼，在黑夜里闪闪烁烁，归于平常……

指挥萤火虫表演魔术

夏天的夜晚，
林边小路总有萤火虫飞舞，
它们是我的幻想精灵，
它们是我的游戏同伙。
在林边小路，
我指挥萤火虫表演魔术——

我让萤火虫钻进瓶子，
瓶子立马变成了灯笼。
奇形怪状的瓶子灯笼，
有圆有方有扁有长，
在黑夜里琳琅满目。
灯笼里的萤火虫，
一闪一闪，明明灭灭，
像个诡异的巫婆。

我用彩色糖纸，
折成各种形状的动物，

萤火虫一进去，
鸭子就有了黄肚皮，
大象就有了绿耳朵，
猪是红色的猪，
兔是紫色的兔……

摘一枝青葱，
让萤火虫在里面安家落户，
一只，两只，五只，六只……
哈哈，一枝枝嫩青葱，
又变成了绿色透明的羊肉串，
变成了绿色透明的一串红，
还有点像绿色透明的冰糖葫芦……

我指挥萤火虫，
津津有味地表演着各种魔术。
忽然，一群萤火虫包围了我，
有的停在我头顶，
有的钻进我衣领，

有的亲吻我脸庞，
有的叮咬我耳朵……
霎时，我变成了一个
发亮的怪物！

我又是扭头又是跺脚，

想把小家伙们甩掉。

可它们坚守阵地，毫不退却，

好像在说：

你指挥了我们这么久，

现在呀，

也该由我们来指挥你

表演一下魔术……

萤 火 虫

我喜欢萤火虫——
从外婆家回来的时候，
它一路伴着我，
摸摸我的耳朵，
亲亲我的脸，
还为我
照亮黑夜！

我讨厌萤火虫——
爸爸检查作业的时候，
它不仅赖着不走，
还故意停在作业本上，
把"0"分照得很亮，
让我难堪！

叫蝈蝈发神经病

天气热得要命。小贩走街串巷地叫卖："快来买叫蝈蝈，叫蝈蝈只只叫得响！"小贩从楼下走过，楼下有几百只叫蝈蝈在"吱吱"地叫，叫出了一路的阴凉。

樱樱让爸爸买了一只叫蝈蝈，好听它"吱吱"的叫声。可是怪呀，叫蝈蝈买回家以后却再也不肯叫了。剥粒毛豆给它吃，它也不肯叫；给它水喝，它仍旧不肯叫；把漂亮的玩具房给它住，它还是不肯叫……一家人为此急得团团转。

樱樱说："这叫蝈蝈发神经病了。要不，它原本就是个哑巴，不会叫的。"

爸爸说："不会吧。小贩给我的时候，叫蝈蝈明明是叫的呀！"

……

突然空调机坏了，房间里越来越热。一家人又开始为空调机急得团团转。就在这时，叫蝈蝈却出其不意地叫了起来，叫得"吱吱"响，越叫越响，不停地叫……

哦，原来叫蝈蝈喜欢热，不喜欢凉飕飕的空调房！

空调机修好了。樱樱不许再开空调机，她给每一个人发了一把蒲扇……

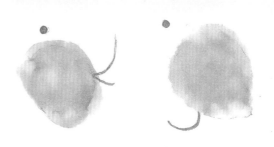

太阳抱抱

夏天的太阳，
催着瓜果变胖，
催着玉米长高，
催着小树变绿，
催着蔬菜出苗，
催得太急，
脾气又暴，
吓得大伙儿，
一会儿鞠躬，
一会儿弯腰。

只有向日葵不怕，
总是笑嘻嘻地看他，
还伸长脖子撒娇，
吵着太阳抱抱。

凤 仙 花

来摘凤仙花的，
是不听话的小兔和小猪——

只听劈啪一声响，
一颗子弹射出来，
射中了小兔的耳朵；
忽然轰隆一声炸，
一枚炸弹飞过来，
炸伤了小猪的胖肚。

凤仙花笑着说——
请大家爱护花木，
别学不听话的小兔和小猪！

八月

暗访"夜精灵"

暗访"夜精灵"不是我的独创，是从一条新闻得到的启发。那条新闻说：上海植物园举办"暗访夜精灵"活动，让孩子回归大自然，寻找自然界的乐趣，学到课本上没有的知识……

读了这条新闻，我的第一反应便是兴奋。现在的城市孩子跟大自然几乎是隔离的，他们生活的周边环境，除了繁华热闹的马路街道、剧院、商场，就是密密麻麻的钢筋水泥住宅。能够让他们进入大自然，跟夜幕下的动植物亲密接触，那是一种多么新奇有趣、富有意义的童年经历！于是我的第二反应便想到了自己的童年。我的童年是在乡村度过的，乡村的夜晚，四周一片黑，但你不会感到寂寞。走在小路上，必定会有萤火虫陪伴左右，还有蝙蝠、鸟儿和蚊虫前呼后拥；必定会有激情鸣唱的青蛙、知了和蟋蟀们为你壮胆；时不时还会有胡蜂从你眼前飞过，螳螂停在你肩上……如果在场地搁一块门板，躺在门板上乘凉，那种情趣就更有诗意了，你会感觉自己被昆虫的演唱包围了，就像躺在昆虫的音乐会里……可惜进城后，这种情趣和诗意，已经离我很远……于是我就突发奇想：何不像植物园的孩子一样，去楼下森林来一次"暗访夜精灵"，重温早已丢失的童年乐趣？

我就这么开始实施我的"暗访夜精灵"计划。

夜精灵主要指的是昆虫。我查阅了许多有关昆虫的资料，还准备了一些"暗访"工具。女儿笑我："不就是去楼下森林转一圈，看看黑夜里的小昆虫而已，有必要这么郑重其事吗？"我说："你千万别看轻了昆虫。从个体来讲，昆虫确实是大自然最微弱的动物。但它们往往是一个整体，数量是巨大的，全世界光是昆虫种类就有三十六万种呢！这个整体，又是那样不屈不挠、前赴后继、团结一致……"关于这一点，我只要讲几个故事，你就会明白——

第一个故事，讲讲小虫子的宫殿。森林里有棵合欢树已经死了好几年，但花匠懒得将它砍掉，于是枯树始终屹立。有一天，我发现枯树的树干上，有许多小虫爬上爬下，再仔细一看，看见小虫来自一个小洞。我好奇地用小刀割开洞口，随着洞口的扩大，我惊呆了，展现在眼前的竟然是一个雄伟壮观的"宫殿"！那"宫殿"有长长的"走廊"，有宽阔的"厅堂"，有舒适的"卧室"，有隐蔽的"通道"……无数小虫，或在卧室里安睡，或在厅堂里聚会，或在走廊和通道里忙忙碌碌，不知疲倦地爬行……而整棵枯树的树干树皮，就是隐蔽保护"宫殿"的坚固"城墙"！这就是小小虫子的伟大杰作！我估计，这样的杰作，起码要经过几十万只小虫的不懈努力才能完成。

第二个故事就发生在今年高温达 40 摄氏度的七月，人们都躲在空调房里不敢出来，而我却发现有一只蜜蜂在森林里飞来飞去。它从杜鹃花丛里咬住一小片叶子，然后飞到一棵梅树根部，那里有几块碎石，它在碎石缝隙里筑了一个窝。它每隔几分钟就要飞到杜鹃花丛中，带回一小片叶子，它是那样满腔热情、专心致志，连续干了两天。到了第三天，我再也找不到这只蜜蜂，却发现那几块碎石的缝隙，已经被叶片封死。我捡起一根树枝，小心翼翼地将叶片挑开，赫然发现，里面有三个用叶片叠成的蜂巢，三只蜜蜂宝宝正甜甜地睡在里面……

第三个故事发生在五月。有一次，我故意将一张刚织成的蜘蛛网折断了几根丝。过了几个小时，我再去看，那张蜘蛛网破损的地方，已经重新编织完好。我又残忍地折断了几根丝，过几小时再去看，看见那只蜘蛛又在被我损坏的蜘蛛网上吐丝修补，坚持不懈。我一再弄破它的网，它一再修补它的网。它被我害得筋疲力尽，但吐丝、织网、重建家园的热情却丝毫不减……

现在应该明白了吧，我为什么如此敬重这些看似微不足道的小精灵，为什么要像举行一场仪式一样，郑重其事地对待这次"暗访"。

这天夜里，我一吃好晚饭就兴冲冲地向森林进发了。我戴着口罩，背着照相机，手里拿着竹竿、白布和手电筒……简直是全副武装。想想好笑，一个六十多岁的老翁，像个淘气的小男孩，有点滑稽，但却很神圣地走进了黑黝黝的森林——

森林里虽然亮着几盏地灯，但是偌大一个森林，那星星点点的地灯灯光，反而让人觉得有点神秘。这神秘，恰到好处地为这次"暗访"制造了一种紧张、神圣的气氛。

我打开手电筒，在森林里慢慢摸索，仔细观察——

我看到了正在结网的蜘蛛，看到了呼呼大睡的天牛，看到了停在草叶上的螳螂，看到了聚居在石板下的西瓜虫和蚯蚓……许多蜗牛从覆盖的树叶下爬出来，缓缓而优雅地吃落在地上的嫩叶。那些恶心的鼻涕虫，则在树干上爬呀爬呀，留下一条条斑驳的白色黏液的痕迹。一只黄鼠狼猛地从小径东边的杜鹃花丛里蹿出来，吓了我一跳，我眼见着它钻进小径西边的竹林，逃之夭夭……森林西南角是一个死角，那里的林木最茂密，空气流通最差。而这样的死角，却是昆虫们的乐园，当然也成为我"暗访"的重点。八月的天气又闷又热，因为闷热，空气流通又差，所以这里始终飞舞着成群的小虫。为了防备这些飞虫侵入我的鼻腔，我不得不大热天戴上口罩。

我要在这里看一场有趣的"昆虫电影"。

我把带来的白布系在两棵小树中央，然后用手电筒照射白布。立刻，数不清的昆虫被灯光引诱而来，或绕着白布飞舞，或停留在白布上。这叫"灯光诱虫"——我利用有些昆虫的趋光性，把它们吸引到白布上，表演一场有趣的"昆虫电影"。然后，我就坐在石板上，津津有

味地欣赏自己的杰作——你看，表演欲最强的应该是那些小飞虫、小飞蛾和蚊虫。它们一会儿独舞，一会儿双人舞，一会儿又群舞，有点"激情四射"的味道。几只蜜蜂和金龟子也来凑热闹啦！只见蜜蜂一进入幕布，就邀请蚊虫同台演出二重唱："嗡嗡嗡""嗡嗡嗡"，唱得投入，唱得响亮。那只金龟子突然向小飞虫扑去，好像要赶走它们。蜜蜂正唱得起劲，对金龟子的野蛮行为自然是忿忿不平，于是迎上前去，跟金龟子展开了空中大战……哈哈，真的是"你方唱罢我登场"，就像一部情节曲折、变化无穷的精彩连续剧……

时间飞快地过去，不知不觉我在森林里已经"暗访"了两个多小时。如果有足够的耐心，像这样的"昆虫电影"是可以看到天亮的。但是天气实在太闷热，早已汗流浃背的我，不得不收起电筒、白布，准备"收兵回营"……

然而就在我满载收获、喜笑颜开回家的时候，半路上却发生了一个意外——我不小心撞毁了一张刚织成的蜘蛛网！

我清楚地记得，我路过的那条小径，两边种着高高的茶花树。那只蜘蛛肯定是想在两棵茶花树之间织网，用来捕捉飞舞的小虫，没想到小虫没捕捉到，却捕捉到了我这个"庞然大物"。只觉得迎面撒过来一张蜘蛛网，黏住了整个面孔，我心里一阵惊慌，连忙用手去抓，试图抓掉脸上的蜘蛛网……我就这么一边在脸上拼命抓，一边心急慌忙地回家。回到家里，我赶紧洗了一把脸。可是过了一会儿，我突然觉得自己的脸部神经抖动起来，一阵一阵地抖动。奇怪，脸怎么会抖动呢？我有点儿害怕了，用手在脸上又是搓又是揉。但是没用，我的脸还在一阵一阵抖动……会不会脸上的蜘蛛网没有清除干净呢？可是蜘蛛网怎么会抖动呢？……于是我又认认真真洗了一把脸，总算太平了一会。但是没多久，我的脸又抖动起来……我静下心来仔细思考辨别了一下，那种抖动好像不是神经，也不是肌肉……我猛然醒悟：会不会是蜘蛛在我脸上织网呀？……对，终于清楚了，我断定是那只蜘蛛连同它的网，一起撞到了我的脸上；然后就躲在一个角落里，不怀好意，不屈不挠地在我脸上织网呢！好呀，这只狡猾的蜘蛛，你究竟躲在哪里呢？躲在头发里，还是衣领里？……我叫女儿来寻找，女儿找了半天也没看到蜘蛛的踪影……

唉，暗访夜精灵，最后竟然被夜精灵暗访了。我有点沮丧，又觉得好笑，时时会忍不住笑出声来……

直到我彻底洗了个澡，才把这个小家伙从身上赶跑。

但我至今不清楚，这只蜘蛛是怎么在我脸上织网的？它究竟为什么要如此坚持不懈地捉弄我？它究竟藏在我身体的哪个部位，让我无从发现？此刻，它被洗澡水不知冲洗到了何方……我只能朝着浴缸下水道鞠躬致歉：对不起，我不是有意毁坏您的家园，我也无意伤害您。我洗澡赶走您，那也是没办法的办法，希望您宽厚体谅。在这里，我还要为您祈祷，希望您随着水流，顺着下水道，平安地回到楼下森林。跑吧，跑吧，一路快跑……

给知了上课

我在我的森林里捉住了一只知了。

对于从小就喜欢玩这套把戏的我来说，捉住一只知了实在是易如反掌——我可以徒手捉。知了虽然视力很好，五只眼睛能随时观察到左右及上方的动静，可它的听力却非常弱，即便站在它的背后讲话、拍手、扔石子，它也不会表现出一丝惊慌，依然若无其事地歌唱，有"昆虫中的贝多芬"之称！所以我只需避开它的视线，从背后悄悄接近，突然出击，一只知了就落入我的手掌。如果知了躲在树枝高处，手够不着，我也有办法——将一团面粉反复揉，揉出黏性后绑在竹竿顶上，竹竿一伸，知了就黏住了。

这只知了是我徒手捉住的。

我把它带回家，养在竹笼里，想听它唱歌，可它就是不唱。我在竹笼里放了树叶、毛豆，犒劳它，它依旧用沉默回报我。我气坏了，就教训它，"是知了就应该唱歌，懂吗？"它沉默。"我给你吃给你喝，你应该知恩图报，懂吗？"它沉默。我想还是以表扬为主吧，就使了个激将法，"你唱歌的声音真好听，就像一首优美的诗，你知道什么是诗吗？"它还是沉默。

我断定，这是一个笨学生。

于是我把它带到森林里，准备放了它，再重新捉一只。没想就在我放飞这只知了的一刹那，整个森林里的知了突然集体鸣叫起来："知——了——知——了——知——了……"

我笑了。这些调皮学生怕我抽查，想要逃避，蒙混过关，所以集体忽悠我呢！

我抓着后脑勺儿，不知该捉哪一只……

聪明的昆虫

昆虫保命花样多：能将自己的皮肤变成跟树叶一样的翠绿色；利用装死逃过一劫；能分泌臭气，影响天敌的食欲；能制造毒液，让天敌害怕；能长一身毒毛，让天敌敬而远之。

昆虫也有变装秀：竹节虫善于伪装成树枝；螳螂善于伪装成树皮；枯叶蝶善于伪装成天敌不爱吃的枯叶……

昆虫还有安乐窝：大树是许多昆虫舒适的家，它们有的喜欢在树干和枝条上筑窝，大树里的水分可以调节窝的温度和湿度；有的喜欢躲在树缝里，一来可以遮风避雨，二来可以躲避天敌。大树更是昆虫家门口的餐厅，树叶、树花，甚至树根，都是昆虫的美味佳肴。

狡猾的蜘蛛

蜘蛛为什么结网呢？毫无疑问，为了捕捉昆虫！

但是昆虫并不是笨蛋，它们常常会想方设法揭穿蜘蛛的鬼把戏。

狡猾的蜘蛛等着小虫上当呢！

因此，在这场蜘蛛和昆虫的大战中，狡猾的蜘蛛往往会不断变换战术，编织各种不同的网，比如乱中有序的圆顶网，昆虫进入后就难以逃脱；栖息水面的大银腹蛛网跟水面平行，适合拦截羽化的水栖昆虫；看似杂乱无章的网，也可以捕捉昆虫；还有漏斗网……

更狡猾的是，蜘蛛知道自己挂在网上，反而暴露了自己，所以有些蜘蛛会躲在蛛网旁边的树枝上"守株待兔"；还有一些蜘蛛会伪装成枯叶，有的甚至拉一片真正的枯叶织在网上，让天敌真假难辨……哎呀，真够狡猾的！

有趣的蜗牛

夏天雨后，潮湿的小径，会爬满蜗牛，这是为什么呢？

原来，蜗牛的软体缺乏防止水分蒸发的角质层皮肤，无法在酷热的炙阳下活动。所以每当雨后和夜晚，他们便爬出来活动。它们的腹足有如同海绵般的吸水功能，让自己的体内吸足水分。哈哈，我们在雨后或者夜晚，去潮湿的小径散步的时候，一定要多留意脚下的"慢郎中"，避免一脚踩下去，伤害了一个无辜的生命。

夜晚开花的植物

为了吸引夜行性昆虫，许多植物选择在夜晚开花。

比如，棋盘脚树的花洁白，在幽暗的夜色中格外醒目；穗花棋盘脚树的花是淡绿色或淡玫瑰色，数朵花连成一条穗状花序垂挂下来，好像一串串灿烂的烟火；三角仙人掌开出的黄绿色和白色花，就像一只只漏斗……还有蛇瓜、月贝草、晚香玉、夜来香、昙花、夜合花等，都是夜里开花的植物。

蛾的世界越夜越美丽

一般人比较偏爱白天飞舞的蝴蝶，但你不知道，在夜间活动的蛾类更多，而且体色千变万化。比如：魔目夜蛾具有蓝绿通透的金属光泽；红蝉窗蛾有鲜红色的外表，十分醒目；长尾水青蛾除了造型特殊，色彩也很鲜艳……

睡在昆虫的音乐会里

每逢盛夏，我就心烦。因为我家老屋正好朝西，西晒的太阳把屋里烤得如同火炉。那时的村里，别说空调，就是电扇也没有。所以到了晚上，屋里特别闷热难熬，躺在床上不停地摇蒲扇，汗还是不断地冒出来。人还没睡着，席子就已一滩一滩地被浸湿，就像睡在水里。

这种时候，母亲就会想办法为我们兄弟在桃树浦畔的场地上搭露天床铺。卸块门板，搁在两只长凳上，再想办法吊起蚊帐，露天床铺就算搭成了。我们兄弟便乐不可支地钻进蚊帐，先是你蹬我一脚我踹你一脚地闹，好一会儿才安静下来。我们安静了，周遭的一切反倒觉着吵闹起来。开始觉着烦，渐渐地却有了兴趣，于是我干脆趴在门板上，聚精会神、兴致勃勃地听那些吵闹声——

只要心中有向往，再苦的日子也能挖掘出甜来。

最先引起我注意的当然是蛙声。满河的青蛙，满河的蛙声，把夏夜烘托得热闹非凡。东边桃树浦畔的青蛙一叫，西面小河浜里的青蛙就立即响应，"呱呱呱，呱呱呱"，此起彼伏，持续不断，就像在宣布："音乐会开始啦，第一个节目是青蛙大合唱！"侧耳又听到一种细细碎碎、尖尖脆脆的声音，"节铃，节铃，铃……"，那是纺织娘在自我感觉良好地独唱。油葫芦的叫声有点怪异，断断续续的，让人想起坏蛋要出场了。四面八方都有蟋蟀在争斗，"蛐，蛐蛐！蛐，蛐蛐！"斗得难解难分，好像都很凶狠厉害，但仔细一听，还是可以听出哪一只蟋蟀更凶狠更厉害些。往往是这样，晚上记住了那只最凶狠最厉害的蟋蟀方位，白天再去那里抓，总是扑空，弄得我很沮丧。树林里的鸟窝，会偶尔传来几声鸟妈妈催促孩子睡觉的呼唤；贪玩的鸟宝宝"叽叽"叫着撒娇，抑或是热了，也想让鸟妈妈为它们搭张露天床铺吧！门口的大黄狗，则懒散地趴在地上，无精打采地看几只猫打闹，一旦有生人路过，就会起劲地叫一阵……

　　各种各样昆虫和动物的声响，就这么在静静的夏夜里，组成了美妙的乐章。我躺在露天床铺上，犹如躺在一个昆虫世界的音乐会里，很惬意，很甜蜜，渐渐进入梦乡……

　　夏夜里睡露天床铺，对大人来说是没办法的办法，对小孩来说，却能带来无穷的乐趣。它不仅让孩子们远离了屋里的闷热，而且趣味盎然地把孩子们带入昆虫和动物们的内心世界，跟它们一起歌唱，一起幻想。尤其是躺在昆虫音乐会里的那种美妙感觉，是大人们无法理解的。因此，匆匆吃完夜饭，我们就吵着母亲快快搭露天床铺。如果母亲没空，我们就自己动手。搭床铺还简单，挂蚊帐就比较难，不是

那里挂高了，就是这里挂低了；不是帐门没有关拢，就是帐底没有塞紧，风一吹，早已被我们弄得皱巴巴的蚊帐会像风筝似的飞起来。这样的蚊帐往往会有几只讨厌的蚊子钻进来，于是美妙的昆虫音乐会就会夹杂蚊子"嗡嗡嗡"的声响，我们时不时的还会被它们咬几口……所以一般情况下，孩子们自己搭了床铺后，还是要央求大人们帮着挂蚊帐，以保"平安"！

跟蚊帐里钻进蚊子截然相反，有几只萤火虫留在蚊帐里倒是别有趣味。我常常捉了一些萤火虫养在蚊帐里，这些萤火虫闪着亮光，会吸引蚊帐外的萤火虫飞过来。蚊帐外的萤火虫越聚越多，密密麻麻，就像无数盏明明灭灭的灯笼，在蚊帐四周照耀闪烁！我兴奋极了，感觉自己不仅睡在了昆虫的音乐会里，同时又睡在了萤火虫的包围之中，我是在无数盏萤火虫灯笼的照耀下，优哉游哉、心满意足地聆听一场别开生面的昆虫世界音乐会！

夏夜的露天床铺就是这么有趣迷人！

因为有了露天床铺，往后的盛夏，我不再心烦！

蟋蟀被琴声醉倒

夏夜，樱樱坐在花园的大樟树下乘凉。

有几只蟋蟀在草丛里起劲地鸣叫，"嘿嘿嘿！"，"嘿嘿嘿！"，"嘿嘿嘿！"……鸣叫声此起彼伏，委婉动听。

樱樱乐了："这不是一首美妙动听的乐曲吗？"

樱樱要跟蟋蟀比一比，看谁的乐曲更动听更美妙。她"噔噔噔"跑回屋，拿出自己心爱的小提琴，站在大樟树下拉起了圆舞曲。圆舞曲的旋律优美舒缓、悦耳动听，简直令人心醉。

突然，樱樱发觉蟋蟀们不再鸣叫了。花园里一下子静下来，静得让人觉得有点害怕。

樱樱的脸上却露出了得意的笑容，她演奏得更起劲了，她明白：蟋蟀们突然不再鸣叫，肯定是被她的琴声醉倒。蟋蟀们陶醉了，正在聚精会神地听她拉琴呢！

蝉 去 蝉 来

在上海这个繁华的大都市里，想要欣赏几声蝉的悦耳鸣叫是不易的；而到了万木葱茏的天目山，想要彻底驱赶千万只蝉的轰鸣也是不易的。

那天，我来到天目山住进旅馆，刚拉开抽屉，突然"哗"的一声巨响，从抽屉里扑面飞出来无数只鸣叫的蝉。房间里顿时黑压压一片，犹如轰炸机布满天空，吓得我倒抽一口冷气，头发根根立正。我一屁股跌坐在藤椅里，过了好半天才回过神来。我看着满屋子乱飞的小家伙，不禁哑然失笑：如此出人意料，如此顽劣有趣，一定是前任房客留下的充满童趣的杰作！

天目山树多、蝉多。据说，门房那位大伯每天早晨都能扫到几簸箕掉落在山路上的蝉壳。天目山蝉的品种也多。因此，蝉的鸣叫声就显得格外丰富多彩，有的委婉，有的嘹亮，有的尖利，有的听上去有点大大咧咧……各类蝉鸣悠悠扬扬，就像有人指挥着它们，合唱一曲惊天动地、气势磅礴、震耳欲聋的交响乐。

渐渐地，我跟前任房客一样童心大发，也对蝉产生了浓厚的兴趣。每天晚饭后，我就想象着自己是个顽童，猫着腰，在树林里穿来穿去。对于捉蝉，我以往的经验是用一根沾上胶水的竹竿去粘，但常常是还没等竹竿靠近，蝉就鸣叫一声飞走了。在天目山捉蝉就容易多了，在你前后左右的树枝上，几乎密密麻麻地停满了鸣叫着的蝉，你只需稍有技巧，掌握好出手的时机，捕蝉犹如囊中取物。我在树林里捉呀捉呀，不一会儿就捉到了三十多只蝉，我的裤袋里衣袋里，藏满了鸣叫的蝉。

带着这些蝉的鸣叫，我欢天喜地地回到了房间。我把蝉放养在蚊帐里，指望着能享受一下这份大自然的特殊赐予。岂料，麻烦事也就接踵而来了。第二天午睡，我刚刚闭上眼睛进入梦乡，就有一声尖利的蝉鸣把我吵醒；紧接着，三十多只蝉一起在蚊帐里轰轰烈烈地鸣叫起来，我哇哇叫着用脚蹬床板，朝它们挥舞拳头。在我的警告下，房间里算是有了片刻的宁静。但不一会儿，它们又齐声鸣叫起来，而且叫得更加轰轰烈烈，直弄得我想睡不能睡，不睡又觉困，真正是疲惫不堪……一气之下，我掀开蚊帐，将它们悉数"驱逐出境"！

连续好几天，因心有余悸而不去树林捉蝉，但我内心却常常生出几分寂寞几分失落，并且竟恋恋地思念起那些曾经搅得我无法入睡的蝉来。世界上的事就那么怪，追求到的未必满意，厌弃了的未必讨厌，难道大千世界就如此充满矛盾？也许就因为有了矛盾，才构成了世界的绚丽斑斓、多姿多彩？

我又去捉蝉了，所不同的是：捉了放，放了捉；捉了再放，放了再捉……并且在即将离去的时候，我同样童心大发地为我的后任房客留下了满满一抽屉蝉。

毛毛虫在叶子里游泳

风吹着叶子，

叶子像波浪一样涌动。

毛毛虫开开心心吃叶子，

一边吃，

一边在叶子里游泳。

蒲 公 英

我不忍心碰你，很不忍心。
你像雪白的绒毛，
那么柔软，
那么轻盈。

我知道，只要轻轻一碰，
你就会飞起来，在空中飘扬。
像一朵朵雪花，又像降落伞，
那是我最想看到的景象。

可我，还是不忍心碰你，
我只愿风儿把你吹起。
有点儿小心思的你，
就可以自由自在地飞。

会走路的森林

背着森林回家

出门在外一个月，最为迫切的愿望便是回家。所以，胖河马、淘气熊和一百只兔子登上飞机，在飞机上一坐定便有了回家的感觉。于是他们就开始数时间，盘算着什么时候可以到家。

偏偏这个时候发生了一件意想不到的怪事——

淘气熊怪衣、怪帽上的一个个口袋里，突然冒出了一根根绿色的小嫩枝。开始人们还以为是淘气熊买回来的奇花异草，后来发现那一根根小嫩枝在不断地往上长，并且长出了各种各样的叶子，人们这才觉得有点怪。于是大家笑着指指点点地朝淘气熊看：左边右边的侧过身子看，后面的跑上前来看，前面的回过头来看，航空小姐看得忘了给乘客送点心倒水……人们议论纷纷："真是稀奇事呀，帽子、衣服里竟会长出树枝树叶！""肯定是个怪人！要不，为什么戴着这么怪的帽子、穿这么怪的衣服呢？"……

淘气熊耸耸肩，无奈地笑笑。

淘气熊的怪衣、怪帽是他自找的。当时胖河马要带着一百只兔子去旅游，他要跟着去，胖河马不让他去，他硬要去，胖河马就说："那么好，你实在要去的话，必须穿戴我给你的帽子和衣服。"

"这不成问题，还省了我自己买帽子、衣服呢！"淘气熊自然是乐不可支地答应了。

但是淘气熊的快乐很快就变成了苦恼。到了机场，从胖河马手里接过帽子、衣服的时候，他总觉得好像有点问题。你瞧瞧，那帽子怪怪的，很重很重，就像戴着一座小山。那件衣服就更怪了，不仅重，而且大，还密密麻麻缝了许多口袋。淘气熊戴上怪帽子、穿上怪衣服，心里也怪怪的，说不出是什么滋味。他弄不懂胖河马为什么要让他戴这样的帽子、穿这样的衣服，但他不敢多问，怕胖河马不让他去旅游，只好唯唯诺诺地表示："很好，很好，有帽子戴，有衣服穿，河马大哥你太客气了。"

直到一百只兔子从怪衣怪帽的一只只口袋里跳出来，叽叽喳喳地跟淘气熊打招呼，淘气熊才知道上了胖河马的当："讨厌的胖河马呀，原来你是给我吃药，让我背着一百只兔子去旅游呀！你知道这一百只兔子背在身上有多重吗？哼，我算是倒霉透了，这不是等于背着个旅游团去旅游吗？"

胖河马瞥了淘气熊一眼，嘴角露出一丝不易察觉的笑，然后不阴不阳地扔给他一句话："如果你觉得上当，可以不去旅游嘛！"

淘气熊马上不声响了，他心里虽然不平衡，但有什么办法呢？谁让他答应了胖河马的条件！

就这样，淘气熊背着一百只兔子上飞机，背着一百只兔子逛商场，背着一百只兔子游山玩水……怪衣、怪帽常常让他累得喘不过气来，同时倒也发生了许多有趣的事情，使这次旅游增加了不少欢乐。比如说，小偷正在偷胖河马口袋里的东西，胖河马一点也没察觉；淘气熊走在胖河马的后面，他怪衣、怪帽里的兔子却看到了，于是小偷就被抓住了。又比如说，袋鼠妈妈的皮口袋可以说是世界闻名，但她们看到淘气熊的口袋竟然比她们多得多，整整有一百只呢！她们佩服得不得了，于是就在夜深人静的时候把淘气熊的怪衣、怪帽偷去研究了一番。再比如，那次魔术师企鹅先生的魔术枪失灵，魔术表演停顿了下来，正在观看演出的淘气熊马上跑上舞台，代替企鹅魔术师表演魔术。他在一百只兔子的配合下，从怪衣、怪帽里变出了一只又一只兔子，轰动了全场……

这样的好事做了不少，这样的趣事也发生了不少，但一百只兔子背在身上总是个负担吧！因此，淘气熊的心里一直盘算着如何摆脱怪衣、怪帽和住在里面的一百只兔子。现在总算好了，旅游结束了，要回去了，可以轻松了，可是怪衣、怪帽里偏偏又长出了树枝树叶！

淘气熊感到很无奈，但他倒是一点也不生气，依旧微微笑着，任凭人们指指点点地围观，因为他自从穿上这身怪衣、戴上这顶怪帽后，早已习惯了人们用奇异的眼光看他。

胖河马呢，虽然也看到了从淘气熊怪衣、怪帽里长出来的树枝树叶，但他以为淘气熊在玩魔术枪，是魔术枪在捣鬼，所以并不在意。一百只兔子倒好，正躺在怪衣、怪帽里呼呼睡大觉，压根儿就不知道外面发生的怪事。

问题是一根根小嫩枝还在不停地长着，长呀长呀，很快就长成了一棵棵大树。一百只兔子终于醒过来了，他们纷纷从怪衣、怪帽里钻出来，大叫："挤死我了，挤死我了！"当他们看到大树占据了他们的位置时，真的是吃惊不小："这些家伙怎么跑到我们的口袋里了？"胖河马问淘气熊，有没有玩魔术枪？淘气熊说魔术枪是装箱托运的，根本就没带在身上。这就怪了，难道大树是从天而降？他们想来想去，觉得罪魁祸首可能就是一百只兔子。这些小家伙觉得口袋里舒服，常喜欢待在里面吃水果。吃了水果，留下果核，这倒好，果核生根发芽，长成大树了！

"都是你们惹的祸！"淘气熊朝一百只兔子发起火来，"我辛辛苦苦背了你们一个月，现在又要背一座森林！负担是不是太重了点？"淘气熊觉得很倒霉很无望，说着说着就哭了。

一百只兔子很不好意思地说："那就让我们去把树枝、树叶吃掉吧，吃掉了树枝、树叶，大树也许就不长了。"一百只兔子就爬到树顶，拼命地吃起树枝树叶来。他们越吃越胖，胖得如同一百只小牛犊，但是大树似乎长得更粗壮了，并且很快又长出了新枝、新叶。粗壮的大树越长越高，甚至顶住了飞机的天花板。

"快想想办法吧！"航空小姐喊道，"大树顶破了天花板，飞机会出事的！"

可是不断长高的大树还是顶破了天花板，连同一百只胖得如同小牛犊的兔子，一起冲出了飞机。冲出飞机的大树开始向四周伸展开来，枝叶越来越茂盛，就像一座森林，很快就遮住了飞机。这时候，飞机已经失去了控制，与其说是飞机载着森林飞，倒不如说是森林拖着飞机飞。地面的人们奔走相告："快来看新鲜事呀，天上飞着一座森林呢！森林里还有许多牛不像牛、兔不像兔的怪物呢！"

一时间，空中地面热闹非凡。而这时，胖河马和淘气熊突然又听到了低沉的嗡嗡声，紧接着就看到成群的蜜蜂和蝴蝶飞过来，围绕着飞行的森林跳舞。原来大树开花结果了！也就在此刻，大树停止了长高！

"哇，那棵树开粉花结苹果，是棵苹果树呀！"小刺猬兴奋地喊。

"哇，那棵树开白花结梨子，是棵香梨树呀！"小鼹鼠兴奋地喊。

"哇，那棵树开黄花结香蕉，是棵香蕉树呀！"长颈鹿兴奋地喊。

看到大树们长出了各种各样的水果，淘气熊也兴奋起来，他手舞足蹈地喊："欢迎大家到我的森林里来品尝水果！"所有的乘客，包括已经没事干了的航空小姐和飞机驾驶员，全都兴奋起来。大家争先恐后地爬到树上，随意地吃着水果和蜜蜂酿的蜜，欣赏着空中美景，真是优哉游哉，其乐无穷……

后来怎样呢？据说后来飞机是在宇宙飞船的帮助下降落的，也有的说是落到了海里，自己漂流回来的……这都是后话，由着人们去想象吧！反正，胖河马、淘气熊和一百只兔子是顺利回家了。当然淘气熊是满心欢喜地背着一座森林回家的：嘿嘿，辛苦一个月，得到了一座森林，还有森林里的蜜蜂和蝴蝶，也值了！看来以后吃水果、吃蜂蜜是不成问题了！

水果小镇

　　水果小镇原本并不叫水果小镇，很长时间以来，它一直叫安静小镇。

　　安静小镇很安静，那种安静，让人想到了优雅和舒适，所以人们都很喜欢它。只是有一天，猪大嫂报告了一条很不安静的消息，才给安静小镇带来了不安静。

　　猪大嫂对大象警长说："警长大人呀，我家门外不知什么时候跑来了一排苹果树，把我家的围墙也撞倒了！"

　　"别瞎说，难道苹果树会自己跑路吗？"大象警长连看也不愿意看猪大嫂一眼。

　　"我没瞎说。您知道吗，那树上的苹果呀，又红又大，就像一个个又红又大的太阳。"

　　"那你家里不需要买灯泡了，你也可以吃个饱了。"

　　"我是这么想的，也想尝尝这种苹果的味道，只是我家的围墙倒了，没这个心情呀！"

　　大象警长不想再听猪大嫂天方夜谭般的胡说，就把猪大嫂赶出了警署。

　　第二天，又有黄狗大伯来报告："警长大人呀，昨天夜里一排香蕉树跑到我家门口，树上的大香蕉把我家的屋顶砸了个大窟窿！"

"别瞎说，一只香蕉能砸破你的屋顶？"大象警长连看也不愿意看黄狗大伯一眼。

"我没瞎说。您知道吗，那香蕉又黄又大，就像一个个黄澄澄的大月亮。"

"那不是很有诗情画意吗？你不是正好可以在家里欣赏美丽的月光了吗？"

"我倒是很想欣赏欣赏月光，只是我家的屋顶破了，没这个心情呀！"

大象警长不想再听黄狗大伯天方夜谭般的啰嗦，就把黄狗大伯赶出了警署。

第三天，爱唱歌的公鸡大哥也来报告了："警长大人呀，一排香梨树莫名其妙地跑过来压垮了我的家。这究竟是为什么呢？你得给我做主呀！不过话又得说回来，那些香梨树上的香梨倒是蛮可爱的，一个个像大提琴，如果不是因为我的家被压垮了，弄得我心情很不好，说不定我会把它们做成一把把美妙的大提琴，开个演唱会呢！"

"好了好了，快别梦想着开演唱会了，看来事情还真有点不妙呢！"这回，大象警长有点相信了，并且开始紧张起来。

大象警长带了几个警察去现场调查，终于弄清楚：原来是淘气熊背回来的那个森林在作怪！说那个森林自己会跑路嘛，倒是确实不会，只是森林在不断地蔓延，蔓延的速度太快了，远远看去就像是一座跑动的森林，又像是向小镇奔涌而来的绿色海洋。而那些苹果呀、香蕉呀、香梨呀，就像一颗颗巨型炸弹，随时威胁着小镇的每一幢房子。大象警长越看越害怕，额头上黄豆般的汗珠"啪啪啪"地落下来，他的心里再也不能安静了：如果再不阻止森林蔓延，安静小镇也许就完蛋啦！他马上下令，把肇事的淘气熊抓起来关进监狱。

被关进监狱的淘气熊显得非常非常无奈，他觉得太倒霉太倒霉，简直是倒霉透了！他原本以为辛辛苦苦背回来这个森林，从此可以享福了。比如说，先在森林里为自己造一幢漂亮的别墅，然后就住在里面吃吃苹果，吃吃香蕉，吃吃香梨，再让蝴蝶为自己跳舞，让蜜蜂为自己酿蜜……这才是神仙过的日子呢！你想想，他背着一百只兔子旅游，背着一座森林回家，吃了多少苦，冒了多少风险呀！现在享受享受也是应该的嘛！可是好日子过了没几天，却被关进了监狱！淘气熊越想越觉得心酸，越想越觉得委屈。你想想，那森林要蔓延关我什么事嘛，又不是我叫它蔓延的。森林确实属于我，但蔓延可是森林的事呀，你大象警长怎么一点儿道理也不讲，莫名其妙地把我抓了起来！如果说把我抓起来能阻止森林蔓延的话，我也乐意。问题是森林还会蔓延呀！你大象警长怎么就这么笨呢？好吧，关就关吧，反正我现在是死猪不怕开水烫了，就让我美美地睡一觉吧！这么想着，淘气熊果真就呼呼睡着了……

森林确实没有因为淘气熊被抓而停止蔓延，森林还在"跑动"，还在向小镇蔓延。

大象警长命令警察在小镇四周挖了条深深的壕沟，试图阻止森林蔓延。可是那森林轻而易举就越过了壕沟，继续向小镇蔓延过来。

大象警长命令警察在小镇四周砌起了高高的城墙，试图阻止森林蔓延。可是那森林轻而易举就推倒了城墙，继续向小镇蔓延过来。

大象警长请镇上最有名的科学家来帮忙，科学家说："我最近发明了一种'灭草灵溶液'，可以用它来试试。"大象警长就调动镇上所有的警察，向森林喷射"灭草灵溶液"。可是"灭草灵溶液"只有灭草的功能，对森林却毫无作用。森林不仅没有停止蔓延，而且出现了更为离奇的现象。只见苹果树上的一个个又红又大的苹果里跳出一只只兔子，那兔子大得如同小牛犊；香蕉树上的一根根又黄又大的香蕉里飞出一只只蝴蝶，那蝴蝶比老鹰还大；香梨树上的一个个香梨里飞出一只只蜜蜂，那蜜蜂大得胜过乌鸦。兔子们一跳一跳地向小镇跳过来，蝴蝶和蜜蜂们"嗡嗡嗡"地向小镇飞过来，很显然，他们对喷射过来的"灭草灵溶液"很不满，所以一边向小镇逼近一边大声嚷嚷："谁这么缺德，向我们喷射这么难闻的药水，害得我们不能睡觉！"那种兴师问罪的架势，吓得警察们落荒而逃。

大象警长只得向淘气熊求救："黑熊老弟呀，快帮帮忙吧！"

"我一个囚犯能有什么办法？哼，你把我抓进来的时候，态度可没有这么好！"淘气熊舒舒服服地躺着，一动也不动，还跷着二郎腿，摆足了架子。

这时，蔓延的森林已经把安静小镇一半的房子毁坏了，大象警长急得没办法。淘气熊这才放下了二郎腿，不阴不阳地对大象警长说："你去找我的河马大哥吧，他知道该怎么帮你。我嘛，还想在你的监狱里睡个够，至于那毁坏的半个小镇嘛，我会赔你的……"

大象警长连忙找到胖河马，胖河马笑着说："你大象警长呢，当初真不该把淘气熊抓起来，弄得事情不可收拾。这黑熊老弟呢，真是摆足了臭架子，也太过分了！"胖河马当然知道，事情的根源肯定在怪衣、怪帽，因为这森林就是从怪衣、怪帽里长出来的嘛！胖河马就领着大象警长向森林的源头走去。走呀走呀，走到森林源头一看，果然那里有一顶怪帽子和一件怪外套，森林就从那里蔓延出来。胖河马把怪衣、怪帽收起来折叠好，眨眼间，怪衣怪帽失去了魔法，那森林也就停止了蔓延……

大象警长终于松了一口气。他把淘气熊从监狱里放出来，一叠声地道歉："对不起，实在对不起，我不应该把你关起来的，我向你表示歉意。"

淘气熊也不理会大象警长的道歉，他一口气跑到森林里，发动兔子们和蝴蝶们、蜜蜂们一起来造房子——

他们摘下许多又红又大的苹果，在上面又是挖洞又是装门窗，马上造好了一间间又红又大的苹果房子。这些苹果房子有点像一个个大太阳，于是淘气熊就给它们起了个好听的名字叫"太阳花园"。猪大嫂们真的不用再买灯泡了，还能尝到像太阳一样又红又大的苹果的味道！

他们摘下许多又黄又大的香蕉，在上面又是挖洞又是装门窗，马上造好了一间间银光闪闪的香蕉房子。这些香蕉房子有点像一个个美丽的月亮，于是淘气熊就给它们起了个好听的名字叫"月亮名苑"。黄狗大伯们不仅能够欣赏到月亮的美丽，还能住进银光闪闪的月亮房子呢！

他们摘下许多像提琴一样的香梨，在上面又是挖洞又是装门窗，马上造好了一间间像提琴一样的房子。他们把这个小区定名为"音乐广场"，淘气熊知道公鸡大哥爱唱歌，还专门挑选了一些最美丽的香梨，做成一把把美丽的提琴，好让公鸡大哥尽情地开演唱会！

看着这么多苹果房子、香蕉房子和香梨房子，大象警长激动得话也说不清楚了："啊……啊……太感谢你们了！我们的安静小镇虽然毁坏了一半，但却换来了一半新房子，这真是因祸得福呀！这些新房子比老房子漂亮多了，而且都是水果做的，实在是太有情调了。看来，我们应该把小镇的名称改一改了，应该叫'水果小镇'，怎么样？'水果小镇'的名称是不是更有诗情画意，更有魅力？"

安静小镇就这么变成了水果小镇，居民们更喜欢自己的小镇了。

装灯拆灯

水果小镇的果树长得越来越高大，越来越茂密。对水果小镇来说，这是求之不得的事。你想想，果树结出的果子更大更甜了，环境更优美了，各种小动物也越来越多：小松鼠、小狐狸、小浣熊和野兔子等，常常会不请自来，到每家每户的院子里探头探脑，给生活带来了无穷的乐趣，有时甚至还会"高朋满座"，分享主人厨房里的美食呢！至于五花八门的各种小昆虫，更是多得数不清……

这是好的一面。

有好便有坏，水果小镇的光线却是越来越暗了，茂密的森林把小镇笼罩得黑黝黝的，有点阴森。大象警长担心，这样发展下去会使小镇陷入一片黑暗！怎么办？砍掉一些果树吧，又有点舍不得……胖河马向他提议说，装路灯可以解决这个问题。大象警长觉得有道理，就派人在小镇的一些路边装上了路灯。这样一来，水果小镇果然又恢复了明亮，而且这种明亮被浓密的树叶染上了一层翠绿色，显得更幽雅了。

看着路灯把水果小镇照得如此翠绿透亮，淘气熊心里痒痒的，央求装路灯的警察在他房间的窗外多装几盏路灯。警察不同意，说："大象警长规定了的，多长距离装一盏灯，你淘气熊凭什么搞特殊！"淘气熊无奈地耸耸肩，但他实在太喜欢这种翠绿透亮的灯光了，就自己掏钱买了电线和灯泡，一口气在自家窗外装了一排十几盏电灯。明晃晃的十几盏电灯就像十几个小太阳，把淘气熊的窗外照得如同白天。

淘气熊这才心满意足地睡觉了。

问题是，淘气熊睡到半夜里，突然迷迷糊糊地觉得有许多人在他头上脸上拉屎撒尿，睁开眼睛一看，老天，不知什么时候天花板上竟密密麻麻倒挂着无数的黑蝙蝠，黑压压的一大片呢！正是这些黑蝙蝠，朝他头上脸上不停地拉着屎撒着尿……

"不好啦！闹鬼啦！"惊恐万状的淘气熊跑去问胖河马，"河马大哥呀，这究竟是怎么回事？我的房间里怎么会冒出这么多恬不知耻、不懂礼貌的黑家伙？"

胖河马被淘气熊问得莫名其妙。他跑到淘气熊房间一看，忍不住就笑了："怪谁呢？还是怪你自己吧！是你自己请他们进屋的呀！"

"开什么玩笑，我会自己请他们到我头上脸上拉屎撒尿？我有病？我有这么傻吗？"

淘气熊愤怒的眼睛瞪得像铜铃。

"我看你确实有点傻，窗外装了那么多电灯，蝙蝠们自然就要跑到屋里来了。"

"这跟在窗外装电灯有什么关系？窗外装了电灯，亮堂堂的，多好！"

"好什么好！装了那么多电灯，让蝙蝠们到哪里去歇息？蝙蝠的习性就是喜暗不喜光，这样的道理都不懂，难怪蝙蝠们要让你尝尝在头上脸上拉屎撒尿的滋味呢！"

淘气熊被胖河马数落得一愣一愣的，好半天才醒悟过来：哦，原……原来是这样呀！

第二天，淘气熊就把窗外的十几盏电灯拆了个干净，全部移装到室内。他还买来石灰，把室内的墙壁和天花板粉刷得雪白雪白。他觉得，既然蝙蝠们不喜欢亮光，就把室内的灯光弄得亮些亮些再亮些吧！这天晚上，淘气熊躺在床上，看着粉刷得雪白雪白的房间被十几只灯泡照得格外明亮，心里暗暗得意：现在好了，室内那么白那么亮，室外那么黑那么暗，蝙蝠们还会飞进来吗？这么想着，淘气熊就甜甜地进入了梦乡……

蝙蝠们确实没再飞进屋。

可是到了半夜里，淘气熊突然又觉得有人在亲吻他的嘴唇，亲得生疼生疼的。他睁开眼睛一看，老天，蝙蝠没飞进来，无数蜜蜂却争先恐后、前赴后继地飞进来，他的脸上嘴上已经停满了蜜蜂，整个房间几乎全被蜜蜂占领了。蜜蜂们在房间里"嗡嗡嗡"地飞，许多蜜蜂扑棱棱地停在十几只灯泡上，灯光把蜜蜂的翅膀照成透明，就像一朵朵扑闪的花；而十几只灯泡则变成了亮闪闪毛茸茸的花球。还有许多蜜蜂停在天花板上，有的干脆停在被子上，甚至钻进了被窝……淘气熊战战兢兢地掀开被子，被窝早已变成了蜂窝。他把被子一抖，钻在被窝里的蜜蜂一团一团地落下来，然后又嗡的一声飞起来，把淘气熊吓出了一身冷汗。淘气熊不敢想象自己竟然跟这么多蜜蜂亲密无间地睡在一个被窝里！

淘气熊挥舞着双手，拼命驱赶蜜蜂，可是赶走了这里的蜜蜂，那边的蜜蜂又飞过来了，他被蜜蜂包围着，变成了一只蜂熊。

"不得了啦，天塌下来啦！"淘气熊号叫着连滚带爬地冲出房间。

胖河马闻讯跑来："怎么啦！又发生什么事啦？"

"蜜蜂占了我的房！我的被窝变成蜂窝啦！"淘气熊惊魂未定、气急败坏地说，"河马大哥呀，我招谁惹谁了，怎么连蜜蜂也要跟我捣乱？我已经拆了室外的电灯，把电灯改装到了室内，为什么又引来了这些讨厌的蜜蜂？"

胖河马想了想，笑着说："是你自己把蜜蜂引进屋的呀！"

"怎么又是我的错，我可是照着您的话做的呀！"

"我说蝙蝠喜欢黑暗，但我并没有说蜜蜂也喜欢黑暗呀！蝙蝠是蝙蝠，蜜蜂是蜜蜂，它们的习性是不一样的。恰恰相反，蜜蜂等一类昆虫都喜欢亮光。"

胖河马又开始数落淘气熊："你把室外的电灯拆了，这是对的，蝙蝠不会再进屋了。可你又傻乎乎地把电灯改装到室内，这不是拆东墙又补西墙，吃力不讨好吗？你想想，室内亮起来了，喜欢亮光的蜜蜂们自然就不请自来了！你呀，以后做事要动动脑子，碰壁不转弯可不行……"

淘气熊瘫坐在地上，任凭胖河马数落，只是一个劲地叹着气咕哝："唉，算我糊涂，算我倒霉，蜜蜂占了我的房，我恐怕是回不去了……"

"别急别急，我有办法把蜜蜂赶走。"胖河马安慰他。

只见胖河马跑到淘气熊房间，把室内的十几盏电灯全部关掉，然后再打开所有的门窗。约莫过了一个小时光景，房间里的蜜蜂们果然全都飞走了……

淘气熊这才松了口气，转忧为喜，他拍着胖河马的肚皮，乐呵呵地说："河马大哥呀，想不到您大肚皮里的知识还真不少呢！"

淘气熊对胖河马佩服得五体投地！

森林长到月亮上

　　谁也不会否认，现在的水果小镇是个很有情调的小镇。按理，这样的日子会过得快快乐乐，充满诗情画意。然而有一天傍晚，猪大嫂突然又跑到警署来投诉了：

　　"亲爱的警长大人呀，我的苹果房子在长高呢。"

　　"这很正常呀。"大象警长瞥了一眼猪大嫂，"既然你的苹果房子长在苹果树上，苹果树在长高，你的苹果房子自然也要长高，这就是我们水果小镇的情调呀！"

　　"问题是我那苹果树长得实在太快了，眨眼工夫就长了几米高呢！"

　　"还有这样的事？"大象警长暗暗吃惊。他骨碌碌转着眼睛，正猜测着猪大嫂的话是真还是假，警署里紧接着又来了黄狗大伯和公鸡大哥："警长大人快去看看吧，我们的房子都在疯长呢，都快长到月亮上去了！"

　　大象警长三脚并作两步跑出警署一看，只见小镇上的苹果树呀、香梨树呀、香蕉树呀，果然都长到了高高的月亮上。树上的那些苹果房子呀、香梨房子呀、香蕉房子呀，已经遥远得很难看清了，月光照耀着它们，一闪一闪，就像一颗颗遥远的小星星……

"这是怎么回事？肯定有人在捣鬼嘛！"大象警长大发雷霆。

他找到胖河马一了解，才知道又是淘气熊这家伙惹的祸——

这个不安分的家伙总觉得水果小镇诗情画意是有了，情调也有了，就是太平淡，不够浪漫。他就想着要创造一点新生活。创造什么样的新生活呢？让他的怪衣、怪帽再次蔓延森林肯定不行，蔓延的森林会把整个小镇毁掉，到时会激起民愤，大象警长更不会饶恕他，说不定又要让他坐牢！所以说他是绝对不敢再让森林蔓延的。那么还有什么好法子呢？他突然灵机一动：让森林向高空蔓延如何？对呀，让森林向高空蔓延不就没事了吗？小镇的老房子不受影响，那些苹果房子、香梨房子和香蕉房子，向上蔓延以后就都变成了高楼大厦，那不是很浪漫很有意思吗？淘气熊高兴得直敲脑袋！聪明，太聪明了！连他自己也不敢相信，自己怎么会变得这么聪明，想出了这样一个好办法！他就乐乐呵呵地跑到小镇商店，买回来一百公斤增高药，他看到渴望长高的矮个子们都在买增高药吃，想必森林吃了增高药也会长高的。他满心欢喜地把增高药搅拌在水里，然后一半倒进怪衣、怪帽，一半喷洒在小镇所有的苹果树、香梨树、香蕉树的枝叶上，干得是热火朝天、一丝不苟！

"你热火朝天地忙什么呀？"胖河马心有余悸地提醒他，"弄来那么多增高药，可别再弄出些麻烦来呀！"

"放心吧，河马大哥。"淘气熊还是勤勤恳恳、一刻不停，"我要让森林长高，我要创造新生活，懂吗？我的河马大哥呀，你就等着跟我一起住高楼大厦吧！那样的日子才……"

淘气熊话音未落，他们的苹果房子就突然"呼"的一下蹿到了空中，并且还在向上长高。眨眼工夫，水果小镇所有的水果房子全都"呼呼呼"

蹿到空中，并且还在向上长高……

胖河马说："你大概放了太多增高药了！"

"多放增高药，森林才长得高呀。"淘气熊得意扬扬，"想不到这增高药还真灵验！"

胖河马却一点也得意不起来，他急得喊叫起来："不好了，快想想办法吧，森林快长到月亮上去了！""那才好呢，森林长到月亮上，多新鲜多浪漫呀！说不定还能到月亮上去访问访问呢！"淘气熊更加得意扬扬了。

森林，就这么几乎长到了月亮上。

看着自己的"杰作"，得意扬扬的淘气熊抑制不住想笑。大象警长来找他了："黑熊老弟呀，你的想象力倒是蛮丰富的，又做了一件大'好事'呢！"

"不客气，不客气，我只是想为大家创造一点新生活而已。"

"新你个头！"大象警长怒吼一声，"不要不以为意，我今天可是来找你算账的！你想想，你的新生活让地面的人回不了家，家里的人下不了地，你说怎么办吧？"

"这好办呀！给每一棵快长到月亮上的大树安上电梯不就成了！每天乘着电梯上上下下，多新鲜多浪漫多舒服，这才是现代人最时尚的新生活呢！"

大象警长忽然不说话了，那张因为发怒而绷紧的脸也渐渐舒展开来，甚至有了笑容。他低着头想：这个主意倒是不错，如果有了电梯，水果小镇的生活水平确实上了一个台阶。再说他大象警长活到现在连电梯也没乘过，更不要说到月亮上去看看了……

大象警长终于点了点头。

于是，每一棵长到月亮上的大树都安上了电梯，每户人家都住进了安有电梯的"摩天大楼"。有了电梯，有了摩天大楼，当然还得配小轿车，这才是时尚新生活嘛！大家每天开着轿车进进出出，乘着电梯上上下下，日子倒也快乐！

这天，胖河马和淘气熊开着轿车风尘仆仆地旅游归来。他们停好车，刚想乘电梯回家休息，突然看到了电梯口贴着的断电通知。乖乖，摩天大楼那么高，爬到什么时候才能到家呀！但是有啥办法，总不见得睡在室外吧！他们只得硬着头皮爬楼梯，爬呀爬呀，一级一级地爬，爬得是天昏地暗、眼冒金星，好不容易才到家门口！淘气熊气喘吁吁地用钥匙去开门，不知怎么钥匙就是塞不进去。胖河马抢过钥匙一看，气得差点昏倒："看看清楚，这可是轿车钥匙！"淘气熊一拍脑袋，这才想起门钥匙放在背包里，而背包忘在轿车里了！唉，活该自己倒霉……淘气熊无奈地咕哝着，叫胖河马在门口等着，自己下楼去取钥匙。他走呀走呀，一级一级地走下楼，走得是天昏地暗、眼冒金星，又走了很久才摇摇晃晃走到楼底。他摇摇晃晃地走向轿车，正想伸手开车门，手像触电似的在空中定格了。老天！车钥匙不是在胖河马手里吗？淘气熊惊得浑身熊毛根根立正，他看看高耸入云、披着银色月光的家，又看看躺在轿车里的背包，浑身泄了气，一下子瘫在地上。怎么办？总不见得再爬一次楼梯吧！他捡起一块石头去砸车窗，砸呀砸呀，乒乒乓乓的响声惊动了大象警长。大象警长见有人砸车，飞速扑过来将淘气熊按倒在地。淘气熊争辩说："警长大人你怎么又抓我？我砸自己的车，关你什么事！""除非神经病才砸自己的车！"大象警长不容分说就把"偷车贼"押到了警署，还叫警察把被砸的轿车也拖走……

再说胖河马在家门口等淘气熊，等呀等呀，突然发现车钥匙还在自己手里。他不由得尖叫一声，坏了，黑熊这家伙要白跑一趟了！他发疯似的奔下楼，要把车钥匙给淘气熊送去。然而他在楼下没找到淘气熊，就连轿车也不见了踪影！他急忙赶到警署报案，却看到淘气熊和轿车，都被扣在那里……

"原来还真是砸自己的车呀！"大象警长扑哧一声笑了，他拍拍淘气熊的肩膀，"熊老弟呀，看来你的新生活倒是蛮时尚的，烦恼好像也不少。记住呀，做事得适可而止……"

淘气熊低着头，无话可说。还有什么好说的，赶快溜吧！问题是，当他垂头丧气地跟着胖河马溜出警署的时候，看到猪大嫂、黄狗大伯和公鸡大哥他们又来投诉了——

猪大嫂说："警长大人呀，我的苹果房子长到月亮上以后，白天黑夜都亮堂堂的，害得大家不想睡觉，一天到晚只想吃。您想想，只吃不睡，吃了也不胖呀。求求您下一道禁令，别再让苹果房子长到月亮上去了好不好？"

黄狗大伯说："警长大人呀，没有了黑夜，所有的狗都失去了警惕性，都不会叫了！"

公鸡大哥说："警长大人呀，我的香梨房子长到月亮上以后，公鸡们一直以为天亮了，就不停地打鸣，不停地唱歌！帮帮忙，让我们的香梨房子回到原来的地方好吗？否则，大家的嗓子真的要唱破了。您想想，破了的嗓子，还能开演唱会吗？"

尴尬透顶、无地自容的淘气熊，拉着胖河马一溜烟逃出了警署……

天上下起了兔雨

这是一个中秋节，是森林长到月亮上一周年的中秋节。

虽然森林长到月亮上给水果小镇居民带来了不少麻烦，但总的来说利大于弊。至于乐趣，那就更多了，比如说，水果房子高高在上，视野非常开阔，家家户户都成了景观房；又比如，水果房子离月亮那么近，简直是触手可及，于是家家户户都可以看到月亮上的风景；家家户户又犹如生活在月亮上，至少是被皎洁的月光沐浴着，那是一种多么难得的情调，多么难得的幸福呀！因为月光把家家户户都照耀得晶莹剔透、皎洁似水，所以家家户户都在水果房子的最高层开了酒吧、咖啡厅、茶座什么的，美其名曰"月光歌舞厅""月光咖啡厅""月光茶座"……以月光招揽客人，创意别出心裁，生意自然十分兴隆。

看着水果小镇的生活如此幸福美满、一派祥和，大象警长心里美滋滋的，抑制不住要笑出来，他总觉得水果小镇长到月亮上一周年，这是一个很特别的日子，是值得轰轰烈烈、热热闹闹庆祝一番的。因此，他煞费苦心地为这个"一周年"设计了一个很特别的狂欢节。

"大家注意，气氛要热烈、热烈、再热烈，狂欢嘛，就是要热烈！"狂欢节这天，大象警长显得特别兴奋，他跑东跑西地张罗着，"所有的节目都要戴面具，都要跟月亮有关，是森林长到月亮上一周年嘛，主旋律就应该是月亮！"

他还指挥一百名警察，抬来了一口大水缸，水缸摆在小镇广场的中央，水缸里盛满了水，所有的节目就围绕着水缸进行。大家聚集在水缸四周，唱呀，跳呀，一边表演节目，一边欣赏月亮在水缸里的美丽倒影，真是独特新奇、其乐融融。大家唱够了，跳够了，还可以到随处可见的"月光歌舞厅"去大唱卡拉OK《月亮代表我的心》……

整个水果小镇就这么沉浸在独特新奇、疯狂热烈的欢乐之中。

正在这时，突然有样东西"咚"的一声，从天而降，落在特大水缸里，仔细一看，竟是一只兔子！大家还没反应过来，"咚咚咚……"，紧接着从天上又落下来一连串的兔子……

"真是奇了怪了，天上怎么会下起兔雨来了呢？狂欢节再独特新奇再疯狂热烈，也不至于独特新奇、疯狂热烈到下兔雨吧……"

正在狂欢的小镇居民全都抬头看天，眼睛瞪得像铜铃，希望看出点下兔雨的缘由！

过了好一会儿，事情才弄明白：原来狂欢节让大多数居民快乐了，一百只兔子却并不快乐。他们悄悄地跑到胖河马和淘气熊的"月光咖啡厅"里默默地喝咖啡。他们之所以选择胖河马和淘气熊的咖啡厅，一来是因为胖河马煮的咖啡特别香，沐浴在月光下，品尝香味扑鼻的咖啡，是一种特别高雅的享受；二来是因为这里离月亮最近，他们想跟月亮亲近亲近，更加清晰地看看月亮上的玉兔。他们读过那个神话故事，知道月亮上生活着一只玉兔，不管是玉兔还是肉兔，至少跟他们一百只兔子是同类呀！因此，一百只兔子思念月亮上的玉兔，自然是理所当然。尤其是节日欢聚的时候，这种思念之情就格外强烈！这会儿，他们默默地喝着咖啡，默默地朝着月亮看，他们可以非常清晰地看到月亮上的玉兔，月亮上的玉兔也可以非常清晰地看到他们。他们向月亮上的玉兔招手微笑，月亮上的玉兔也向他们招手微笑。问题是他们都听不见彼此说话，他们再怎么大声呼喊"我想你"，也无法听清对方的回话，从玉兔的表情看，她肯定没听清一百只兔子的呼喊；玉兔在张嘴呼喊"我想你们"的时候，一百只兔子也只能傻乎乎地看着玉兔干着急……

"你们应该到月亮上去看看。"胖河马很同情一百只兔子。

一百只兔子叹着气说："我们何尝不想去月亮上看看，问题是去不了呀！"

"去不了就叹气，是不是太没出息了？"淘气熊有点不耐烦了，"应该想想办法嘛！"

"谁说我们没想过办法？"

一百只兔子被淘气熊这么一说，心里更不是滋味，一个个抱怨起来——

这个说："前不久，我们爬上了最高的一座山坡，希望从山坡跳到月亮上去。可是爬呀，爬呀，爬上山坡一看，离月亮还远着呢，根本就跳不上去。"

那个说："森林长到月亮上后，我们想，这下好了，可以从高高的水果房子跳到月亮上去了。我们就爬呀，爬呀，爬高楼。结果怎样呢？家家户户的水果房子离月亮都还有好长一段距离呢，还是跳不上去。"

更多的兔子说："胖河马、淘气熊呀，你们的水果房子可算最高了吧，离月亮也最近了吧，可是看看，还是差了几十米呢！"

一百只兔子越说越泄气，不停地唉声叹气，最后又陷入了沉思，又默默地喝咖啡，默默地朝月亮看。胖河马和淘气熊无奈地抓抓头皮，陪着他们叹气，陪着他们沉思……

中秋节的月亮特别亮，明亮的月光从暗蓝的天空照射下来，停留在胖河马和淘气熊的水果房子的窗口，好像在深情地诉说着什么秘密……

"有了，我有办法了！"胖河马突然兴奋地跳起来。

"你能有什么办法？"

"绝妙的办法就来自明亮的月光呀！"胖河马得意扬扬、摇头晃脑地卖着关子，"是月光亲自告诉我这个秘密的，她说，我可以帮你们造出一座通往月亮的彩虹桥呀！"

"月光？彩虹桥？……别胡说，月光能造彩虹桥？"淘气熊和一百只兔子全都懵了，二百零二只迷迷糊糊的眼睛盯着胖河马傻乎乎地看。

胖河马也不解释，只是笑眯眯地回转身，打开水龙头，开始拼命地喝水。

淘气熊和一百只兔子不知胖河马葫芦里卖的什么药，还是傻乎乎地看着他。

"呼噜噜，呼噜噜……"胖河马喝了很多很多水，他的大肚皮马上就像小山似的鼓了起来。然后，胖河马又挺着大肚皮，挪到窗口，对着月亮鼓起大嘴巴不停地喷水。喷呀，喷呀，哈哈，从胖河马大嘴巴里喷出的水，从窗口一直射到月亮上，在月光的照射下，真的变成了一座美丽的彩虹桥！

"原来是这样呀！"

"这办法确实很妙呢！"

"现在我们可以到月亮上去了。我们可以跟孤单的玉兔一起过狂欢节了！"一百只兔子欢呼雀跃。他们排着队，登上彩虹桥，兴高采烈地向月亮走去……

"河马大哥呀，想不到您还有这么一手！"淘气熊也高兴得手舞足蹈起来，他一边跳着舞，一边还淘气地去拍胖河马鼓着的大肚皮。也就是这么一拍，害得胖河马漏了气。结果可想而知，一漏气，水就断了；水断了，彩虹桥也断了。于是，正走在彩虹桥上的一百只兔子"咚咚咚"地落下来，正好落在广场中央的特大水缸里……

天上就是这么下起了兔雨！

大象警长把事情缘由告诉大家后，大家由吃惊变为惊喜，一个个咧嘴大笑："哈哈，下兔雨好，下兔雨好呀，狂欢节又多了一个精彩节目，今年的中秋节更有意思了！"

他们看到一百只兔子在特大水缸里扑通扑通地挣扎，那样子又滑稽又可爱，于是又有了新的话题："快看哪，兔雨又变成兔饺啦！快把兔饺捞上来吧，中秋节还可以吃到鲜嫩美味的兔饺呢！"

整个水果小镇一片欢腾……

一百只兔子想唱歌

一百只兔子很喜欢唱歌，但他们的嘴巴和声带都有点缺陷，所以唱出来的声音很低，而且还有点嘶哑。更奇怪的是，每一只兔子都只会唱一个单音。比如：白兔只会唱"do"；黑兔只会唱"re"；灰兔只会唱"mi"；红兔只会唱"fa"；蓝兔只会唱"so"……这样的歌声，单调枯燥，常常会引来一阵嘲笑。

尽管这样，一百只兔子的唱歌热情丝毫没有受到影响。

大象警长贴出告示：森林里要举行一场歌唱比赛，欢迎大家踊跃报名。

白兔马上兴冲冲地去报名。大象警长听了他的试唱，笑着说："我怎么半天也没听清楚你在唱什么，你看看人家青蛙大哥，唱得多嘹亮！像你这样的嗓子，还是安安静静当听众好。"

黑兔也兴冲冲地去报名，大象警长听了他的试唱，有点不耐烦了："单调，太单调了！你听听百灵鸟妹妹，歌声多优美！如果让你在台上演唱，台下的听众都会睡着的。"

灰兔也兴冲冲地去报名了，但他试唱了没几句，就被大象警长打断了。大象警长显得很失望，他摇着头叹着气，对灰兔说："你们兔子家族呀，实在太缺乏演唱天分了。看来，你们想参加唱歌比赛是没有指望的……"

……

毫无疑问，一百只兔子全部被淘汰。他们伤心地哭了……

胖河马问淘气熊："一百只兔子为什么哭？"

淘气熊说："他们想参加歌唱比赛，被淘汰了。"

"为什么被淘汰？"

"听说嗓子不行，声音太轻太沙哑，而且只会唱一个单音。"

胖河马想了想，笑着问淘气熊："我的嗓门特别大，如果我去报名参加比赛会怎样？"

淘气熊摇摇头说："恐怕也不行。你的嗓门像打夯机，会把听众吓跑的。"

"那么你黑熊老弟去参加比赛会怎样呢？"

淘气熊伸出两只手，不好意思地说："我的特长就是去河里拍鱼，在马戏团做小丑当然也可以。至于唱歌嘛，只会吼几句，恐怕也会让人倒胃口。"

"你倒是蛮有自知之明的。"胖河马夸了一下淘气熊，突然用神秘兮兮的眼光看着淘气熊说，"你相信吗？我有办法让一百只兔子和我们俩都能参加比赛。"

淘气熊不相信："你会有什么办法？"

胖河马卖关子说："你把一百只兔子叫来，我再告诉你。"

淘气熊只好疑疑惑惑地去叫一百只兔子。在淘气熊离开的几分钟里，胖河马诗兴大发，很快就写好了一首歌，取了个题目叫《我们很棒》——

我们想唱，我们很棒！我们放声歌唱，唱得花朵飞扬；

我们尽情歌唱，唱得森林摇晃……

　　胖河马很得意，他觉得自己能在这么短的时间里，写出这么有诗意的歌词，真可以说是才气横溢……就在胖河马沉浸在才气横溢的喜悦中的时候，淘气熊带着一百只兔子来了。胖河马就兴致勃勃地唱了一遍《我们很棒》，然后迫不及待地问一百兔子："这首歌好听吗？"

　　一百只兔子说："歌词确实很好，写到了我们心里。只是你的嗓音有点吓人……"

　　胖河马不好意思地抓了抓头皮，自我解嘲："我的嗓音确实不怎么样，唱得也不怎么样，但我们大家合在一起唱，效果就会大不一样！来来来，我叫你们来，就是要组建一个特殊的合唱团，争取歌唱比赛夺冠！"

　　一百只兔子一听，顿时兴奋起来。

　　胖河马就让兴奋的兔子们排好队。他根据兔子不同的音高分类组合，单音音高相同的兔子组合成一个小组。他告诉兔子们，每个小组只要唱好一个单音就算成功。比如：只会唱"do"的兔子，只要唱好"我"这个字就行；只会唱"re"的兔子，只要唱好"们"这个字就行；只会唱"fa"的兔子，只要唱好"想"这个字就行；只会唱"la"的兔子，只要唱好"唱"这个字就行……十几个小组集体发出不同的音高，整齐和谐地合在一起，就是一首完整的歌！

　　胖河马嗓门大，他自告奋勇为一百只兔子做贝斯，当低音伴唱……

　　一切安排妥当，兔子们就按照胖河马的要求，分成小组开始练唱。淘气熊急了，问胖河马："那么我干什么呢？"

胖河马笑着说："你的两只手不是很会拍鱼吗？那么就发挥它们的作用吧，你来当指挥！"

一个特殊的合唱团就这么诞生了。

我们想唱，我们很棒！我们放声歌唱，唱得花朵飞扬；

我们尽情歌唱，唱得森林摇晃……

当这个特殊的合唱团在大象警长面前排好队，放声合唱《我们很棒》的时候，大象警长惊呆了，青蛙大哥和百灵鸟妹妹惊呆了，森林里所有的歌唱好手全都惊呆了。他们怎么也想不到，这些嗓音低弱、只会唱一个单音的兔子们，竟然把《我们很棒》这首歌，演唱得有板有眼、高昂嘹亮……再加上胖河马浑厚有力的低音伴唱和淘气熊的激情指挥，整个合唱可以说气势宏伟、美妙无比……

笑眯眯的照片

　　水果小镇举行长跑比赛，胖河马把前十名选手的照片，布置在橱窗里。

　　淘气熊羡慕得不得了。他对胖河马说："下次比赛，我也要争取把照片布置在橱窗里。"

　　"就你？"胖河马不屑地看了看淘气熊，冷笑一声说，"你跑得过兔子吗？你跑得过花斑豹吗？你恐怕连长颈鹿也跑不过吧？……你看你，现在是又懒又馋，越来越胖，胖得快赶上我了；还常常头晕气喘，我看你是没机会了。"

　　淘气熊急了，狠狠瞪了胖河马一眼，争辩说："我为什么就没有机会呢？现在胖不等于将来胖，现在慢不等于将来慢，河马大哥你别小看我……"

　　淘气熊就在心里暗暗发誓，说什么也要争取把自己的照片布置到橱窗里去！

　　他首先要做的是，悄悄跑到照相馆拍了一张笑眯眯的照片。为什么要笑眯眯呢？一是为了形象俊朗，二是表示自己成功了，要笑眯眯地证明给胖河马看。哈哈，这么完美的照片布置在橱窗里，肯定是帅呆了，全镇人都会看到！

接下来就是训练。淘气熊知道长跑训练没什么复杂的诀窍，贵在坚持。所以，他每天早晨都要绕着水果小镇跑十圈，傍晚再跑十圈……一个月后，出乎意料的事真的发生了，淘气熊在第二次长跑比赛中，竟然获得了第十五名。他开心得跳了起来，不停地在心里鼓励自己，好样的，淘气熊，再努力一把就是前十名了！

他每天早晨都要绕着水果小镇跑十圈，傍晚再跑十圈……

又一个月后，淘气熊终于进入前十名。问题是，这回，橱窗里突然只布置了前六名的照片。淘气熊想：既然我能跑到前十名，再努力一把，进入前六名是没问题的。

他每天早晨都要绕着水果小镇跑十圈，傍晚再跑十圈……

又过了一个月，淘气熊跑了个第四名。可是，橱窗里只布置了前三名的照片。淘气熊想：第四名跟第三名只差一个名额了，真的是胜利在望呢，再努力一把吧！

他每天早晨都要绕着水果小镇跑十圈，傍晚再跑十圈……

再过了一个月，奇迹终于发生，淘气熊居然获得了长跑比赛第一名，成绩优秀得简直让人目瞪口呆！兔子呀，花斑豹呀，长颈鹿呀，全都被他甩在后面！整个水果小镇都轰动了，淘气熊更是乐不可支。他想，这一回，说什么也应该把他那张笑眯眯的照片展示出来了吧，而且肯定会布置在橱窗最显眼的地方！响当当的第一名，还有谁能跟第一名争呢？他兴冲冲地跑去看橱窗，但是眼前的情景却让他几乎昏倒——橱窗里只布置着一张本次长跑比赛群众场面的照片！

淘气熊气得直翻白眼。他铁青着脸，跑去找胖河马算账："你这个臭河马，你这个坏河马，你的良心是不是让狗吃了？我好不容易拍了一张笑眯眯的照片，可你，你竟敢耍我！"

“我怎么耍你啦？”胖河马忍住笑。

“每次比赛你都把我挤在外面。这次我得了第一名，你却只在橱窗里布置了一张群众场面的照片。这不是耍我吗？”

“这是大赛组委会的决定，我有什么办法？”胖河马两手一摊，神秘地一笑，然后一字一顿地说，“不过事情好像并不坏呀，你不是不懒不馋了吗？你不是不胖了吗？你不是跑得快了吗？更重要的是，你不是再也不头晕气喘了吗？”

淘气熊低头一想，对呀，这胖河马说的好像也有道理。自己不仅跑得快了，身体确实比以前棒多了……他想着想着，铁青的脸这才有了笑容。但他还是有点不甘心，叹了口气说：“只是可惜了那张笑眯眯的照片。”

一千零一只红纸鹤

一只红纸鹤"啪"的一声落在淘气熊面前——

鲜红鲜红的，就是淘气熊最喜欢的那种红纸鹤。水果小镇的水果房子长到月亮上以后，淘气熊就亲手做过一只。他把红纸鹤挂在窗口，上面写着：这里是淘气熊和胖河马的家，是全世界最高、最浪漫、最有情调的水果房子！

每一个走进水果小镇的人，一眼就能看到那只高高挂在窗口的鲜红鲜红的纸鹤，自然就免不了要说上几句赞美的话："哟，这房子确实漂亮。""淘气熊和胖河马呀，真是一对令人羡慕的好朋友！"……

每当听到别人这样赞美，淘气熊总是开心得鼻子眼睛挤在了一起。

然而现在的淘气熊却很不开心很不开心，那只红纸鹤意外地从天而降，就落在淘气熊的面前，也没有打动他的心。他只是瞄了红纸鹤一眼，很快就无动于衷地走开了！

这究竟是怎么回事呢？是谁弄得淘气熊这么不开心呢？

事情的起因恰恰也是从红纸鹤开始的。那天，一只路过水果小镇的大浣熊看到了高高挂在窗口的红纸鹤，他马上就被吸引了。这一吸引，大浣熊自然就不由自主地走进了水果小镇。大浣熊一走进水果小镇，自然又被水果小镇的水果房子吸引住了。于是事情就变得糟糕起来，你想想，长到了月亮上的水果房子，那是何等的新鲜、何等的浪漫、何等的有情调！这样新鲜、浪漫、有情调的水果房子，一旦被一只偷窃成性的大浣熊看到，还会有什么好结果？

果然，大浣熊没过几天就重返水果小镇了。他身上披着一件黄色的风衣，手里提着一只大大的皮箱，鬼头鬼脑地走东家窜西家，就像鬼子进村——

"把你的苹果房子卖给我吧，我给你一百万！"

大浣熊央求着猪大嫂，他把大皮箱拍得啪啪响。猪大嫂不理睬他，只是白了他一眼，就进屋去了。

"把你的香蕉房子卖给我吧，我给你一千万！"

大浣熊高举大皮箱，向黄狗大伯炫耀。黄狗大伯"哼"了一声，立马关上门，走开了。

"把你的香梨房子卖给我吧，我把钱全给你！"

大浣熊把大皮箱硬塞到公鸡大哥的怀里。公鸡大哥急得涨红了脸直叫："不卖不卖，我不要钱！"

几乎整个水果小镇都把大浣熊拒之门外，就像拒绝入侵的鬼子。唯有淘气熊不是这样，他好像对大浣熊很有兴趣，有时还远远地盯着大浣熊手里的大皮箱看，看得眼珠都要弹出来了，那么一个大皮箱，一定能装许多钱吧。有时，他又屁颠屁颠地跟在大浣熊身后走，令人想起当年的汉奸。

终于有新闻传到了胖河马的耳朵里——

"河马大哥呀，您知道吗，那个大浣熊是看中了我们的水果房子呢……"

这是公鸡大哥报告的新闻。

"我们是不会把水果房子卖给大浣熊的，但是你家淘气熊就说不准了，他好像有点见钱眼开呢！我看到他跟大浣熊嘀嘀咕咕的，还贪婪地打开大皮箱看，那大皮箱里呀，不仅有钱，还有一把砍树的斧子呢！"

这是黄狗大伯传播的新闻，听起来已经有点骇人听闻。然而猪大嫂的新闻版本几乎可以说是触目惊心了："河马大哥呀，快回家看看吧，我看见你家淘气熊正在跟大浣熊争着砍树呢！再不回去，你家那幢又新鲜又浪漫又有情调的长到月亮上的水果房子可就保不住了。"

胖河马听着这些新闻，心里像有十五只吊桶，七上八下的。他有点将信将疑，总觉得这事有点蹊跷。他太了解淘气熊了，淘气熊虽然淘气，还有点贪心，但总不至于把家也给卖了吧。他知道淘气熊比他胖河马更爱这个家，再说这家也是他们共同的家呀，淘气熊要卖掉，总得跟他胖河马商量一下吧！可眼前这些新闻又是有根有据的，总不见得大家都在说瞎话吧！想到这里，胖河马顿时气得咬牙切齿，一团火在肚子里窜来窜去地翻腾……

"死黑熊，你给我滚出来！"胖河马还没到家就震天响地怒吼。

"死黑熊，你干吗躲着我呀？做了坏事还想躲，看我怎么收拾你！"胖河马一脚踢开门，乘着电梯，楼上楼下，四处寻找淘气熊，可是没找着。

胖河马正在疑惑，突然发现屋后的树墙好像有个被砍过的缺口。跑过去一看，他们那幢又新鲜又浪漫又有情调的水果房子，果真已经被斧子砍出了一个很大的缺口，淘气熊正哆哆嗦嗦地蜷缩在缺口前。也许是怕胖河马发现吧，他还脱下自己的衣服死命去遮堵那个缺口呢！

胖河马肚子里的那团火终于喷发了出来，他冲上去就给了淘气熊一顿拳脚："你小子胆子不小，竟敢把我们的水果房子卖掉！"

　　"我没有。"

　　"还说没有，水果房子都快被你们砍倒了，有人亲眼看见你跟浣熊勾结在一起呢！"

　　"你……你冤枉我了。"

　　"证据确凿，赖也没用。你这个财迷心窍的自私鬼，你这个见利忘义的缺德鬼，我怎么瞎了眼，交了你这样的朋友。你给我滚！"

　　"你……你……"淘气熊眼泪汪汪地抬头看着胖河马，最后狠狠地说了声"滚就滚"，真的穿起衣服，头也不回地走了。

　　淘气熊前脚刚走，大象警长后脚就来。他一进门就大声嚷嚷："河马大哥呀，你家淘气熊真是个英雄呢，我们要好好地奖励他！"

　　"英雄？奖励？……"胖河马一头雾水。

　　"他勇敢地跟大浣熊搏斗，机智地保住了水果小镇，还不是英雄吗？还不应该奖励吗？"

　　大象警长把前因后果一说，事情终于真相大白：原来淘气熊并没有见钱眼开，他是暗中监视大浣熊，及时向警署报了案；他并没有砍树，而是跟砍树的大浣熊搏斗……

　　"这……这是真的吗？难……难道是我冤枉了黑熊兄弟？"

　　胖河马一下子瘫倒在地上，嘴里絮絮叨叨地说着同一句话："我怎么这么糊涂，冤枉了我的兄弟！"而后，他突然又跳起来，冲出门外大叫："黑熊兄弟呀，是我冤枉了你呀！"

　　胖河马要把淘气熊找回来。他狂奔了很远，喊破了嗓子，连淘气熊的影子也没见着。

唉，冤枉了淘气熊，淘气熊肯定很生气，他这会儿已经走远了吧！胖河马失望地哭了，哭着哭着，突然想到淘气熊平时最喜欢红纸鹤，也许红纸鹤能让他回来？对，看到红纸鹤，淘气熊一定会思念家，思念他的河马大哥！于是，胖河马就折了一只鲜红鲜红的纸鹤，并在红纸鹤上写了一行字："黑熊兄弟，我的好朋友，我河马大哥确实冤枉了你，你是好样的，你是保护水果小镇、保护森林的大英雄呀，大象警长要奖励你呢，我的好兄弟，你快回家吧！"

他放飞了红纸鹤，希望淘气熊看到了红纸鹤能回来。

胖河马开始失望了……

淘气熊确实不肯回去，他太伤心了，他从来也没有受过这么大的委屈呀！平时，跟胖河马吵吵闹闹，他从不在意，回头就忘了。但这回，胖河马竟然说出那么绝情的话，他淘气熊就是受了大委屈！所以，这次他铁了心要走，即使放飞红纸鹤也没用！

又放飞了一只红纸鹤；又放飞了一只红纸鹤；又放飞了一只红纸鹤……

眨眼间，淘气熊的面前已经落下了一千零一只红纸鹤，树上地下，前前后后，红艳艳的一大片呢。每一只红纸鹤都包围着他，看着他，每一只红纸鹤上都写着"我会想你的""我真诚地向你道歉""你快回来吧"之类的话。

第一千零一只红纸鹤上是这样写的：

"黑熊兄弟，我的好兄弟，希望这一千零一只红纸鹤能永远记在你的心里，我会守着这一千零一只红纸鹤等你回来！"